AF565395

Kai A. Quante · Urzeitkrebs-Fibel

Kai A. Quante

Urzeitkrebs-Fibel

Triops, Feenkrebse, Artemia & Co.

Dähne Verlag

Fotonachweise:

Titelfoto: A. Tanke

K. A. Quante S. 8, 12, 15 (2), 16 unten, 19, 22 unten links, 23 oben, 24, 30 (3), 31 oben, 32, 33, 36 (4), 37 (2), 38 (3), 39 (2), 42, 45 links, 46 oben, 47 oben, 48 unten, 49 (2), 50 unten, 51 (2), 52/53, 58 oben, 59 (2), 63 unten, 65 (2), 66 unten, 69, 70 (3), 71 , 72, 74, 75, 78 oben, 79 oben, 81, 89 (3), 90, 91.

B. Saelai S 64 (2).

A. Tanke S. 9, 10, 11, 12 unten, 13, 17 oben, 20/21, 22 oben, 22 unten rechts, 23 unten, 25, 40 (2), 44 (2), 45 rechts, 46 unten, 47 unten (2), 48 oben und Mitte, 50 oben, 54, 55, 56 (3), 57, 58 Mitte und unten, 60(2), 61 (2), 62 (2), 63 oben, 66 oben, 67 (3), 68 (2), 73, 76, 78 unten, 82, 83 (3), 87, 88.

stock.adobe.com 14 lensw0rld, 17 unten James, 26 oben tree36,
26 unten Delphotostock, 27 BCH Photo, 31 Panupong, 28/29 bajita111122, 34 Lilli,
35 phototrip.cz, 41 (2) Chase D'Animulls, 77 Swapan, 83 unten und
84 oben juancajuarez, 84 unten magneticmcc, 85 oben ArtThree, 85 unten bennytrapp

J. Ventzlaff S. 15 (3), 23 (2)

C. Eichinger S. 18

K. Grabow S. 71

Tetra S. 79 unten

Freepik Notizzettel

Bibliografische Information der Deutschen Nationalbibliothek

Die Deutsche Nationalbibliothek verzeichnet diese Publikation in der Deutschen Nationalbibliografie; detaillierte bibliografische Daten sind im Internet über http://dnb.dnb.de abrufbar.

ISBN 978-3-944821-87-0
© 2022 Dähne Verlag GmbH, Postfach 10 02 50, 76256 Ettlingen

Alle Rechte liegen beim Verlag. Das gesamte Werk ist urheberrechtlich geschützt. Jede Verwertung außerhalb der Grenzen des Urheberrechtsgesetzes ist ohne Zustimmung des Verlages unzulässig und strafbar. Das gilt insbesondere für Vervielfältigungen, Mikroverfilmungen, die Einspeicherung und Verarbeitung in elektronischen Systemen sowie für Übersetzungen.
Alle Angaben in diesem Buch sind sorgfältig geprüft und geben den neuesten Wissensstand wieder. Eine Garantie kann dennoch nicht übernommen werden. Eine Haftung des Verfassers oder des Verlages für Personen-, Sach- oder Vermögensschäden ist ausgeschlossen.

Druck: Grafisches Centrum Cuno GmbH & Co. KG
Printed in Germany

Vorwort

Urzeitkrebse haben schon Dinosaurier kommen und gehen sehen. Sie erscheinen nach einem kräftigen Regenschauer plötzlich in einer Pfütze, wo sie innerhalb weniger Tage zu voller Größe heranwachsen, Eier legen und wieder verschwinden, wenn das Wasser verdunstet ist. Diese rasante Entwicklung aus einem Löffel trockener Erde fasziniert mich seit Kindheitstagen und ist eine Erfahrung, die jeden, ob jung oder alt, begeistern muss. Früher gab es Urzeitkrebse häufig in der Zeitschrift ‚Yps', heute findet man sie im Fachhandel oder in Experimentiersets.

Knapp und verständlich möchte ich in dieser Fibel für den interessierten Einsteiger und Fortgeschrittenen alles Wichtige über die verschiedenen Arten, ihre Haltung und Zucht vermitteln.

Für die Hilfe bei der Umsetzung dieses Buchprojekts möchte ich mich insbesondere bei meinen Freunden Jan Venzlaff (wiss. Informationen und Zysten europäischer Arten, fachliche Prüfung des Manuskriptes, Fotos), Andreas Tanke (Fotos), Sebastian Buchert (Tiere, Zysten, Erfahrungsberichte), Christian Eichinger (Mikroskopaufnahmen), Daniel Becker (Erfahrungsberichte), Jens Crueger (Recherche) bedanken und besonders danke ich meiner Frau Valeria für ihre Unterstützung und die Prüfung des Manuskriptes aus Sicht des Lesers.

Kai A. Quante

Kai Alexander Quante, Jahrgang 1968, ist seit frühester Jugend Aquarianer. In seinen zweitweise 60 Aquarien hält er meist seltene Wildformen klein bleibender Zierfische – Garnelen, Krebse und auch Urzeitkrebse gehören jedoch immer dazu. Neben Zeitschriftenartikeln hat er mehrere aquaristische Bücher veröffentlicht und hält regelmäßig Vorträge zu diesen Themen.

Hauptberuflich ist er geschäftsführender Gesellschafter der AQ4Business GmbH mit dem Schwerpunkt Projektmanagement und Software-Entwicklung. Seit 2015 hat er mit AQ4Aquaristik eine eigene Marke für aquaristische Produkte im Bereich Urzeitkrebse, Nano-Aquaristik und Futter entwickelt, die im Online-Shop oder im Handel erworben werden können (www.aq4aquaristik.de).

Inhaltsverzeichnis

Triops longicaudatus

Salzwasser-Feenkrebse (*Artemia franciscana*) werden in großer Zahl gezüchtet

Was sind Urzeitkrebse

Urzeit – da denkt man an Höhlenmenschen, an Dinosaurier, an feuerspeiende Vulkane oder die Ursuppe, aus der alles Leben auf der Erde entstanden ist.

Tatsächlich lebten die Vorfahren dieser Krebse schon vor den Dinosauriern auf unserem Planeten. Die ältesten Funde versteinerter Urzeitkrebse datieren auf 500 Millionen Jahre vor unserer Zeit. Die Art *Rehbachiella kinnekullensis* entstammt damit dem Erdaltertum (Paläozoikum), genau dem Kambrium, welches durch eine explosionsartige Zunahme des Lebens auf der Erde geprägt war. Als Ursache dafür wird ein Anstieg der Sauerstoffkonzentration im Wasser der Ozeane vermutet, sodass höheres Leben möglich wurde.

Ein enger Verwandter des heutigen Rückenschalers (*Triops cancriformis*), die inzwischen ausgestorbene Unterart *Triops cancriformis minor*, konnte als 220 Millionen Jahre alte Versteinerung im Steigerwald nachgewiesen werden. Die Vorfahren der bekanntesten heute noch lebenden Urzeitkrebse, der Salzkrebschen aus der Gattung *Artemia*, sahen bereits im Jura vor mehr als 180 Millionen Jahren ziemlich genauso aus wie ihre heutigen Nachfahren. Im Paläogen vor etwa 25 Millionen Jahren entstanden dann vermutlich die heutigen Arten.

Es sind also sozusagen lebende Fossilien, die seit teilweise gut 200 Millionen Jahren ihren Körperbau kaum verändert haben. Ihrer Körperform mit blattförmigen Anhängen an den Rumpfextremitäten verdanken sie den wissenschaftlichen Namen Phyllopoda (Blattfußkrebse). Da ihre Rumpfextremitäten außerdem eine Atmungsfunktion besitzen, wurden sie auch Kiemenfußkrebse (Branchiopoda) genannt.

Als Aquarienbewohner interessant sind die drei Gruppen der Groß-Branchiopoden:

Die **Feenkrebse** (Anostraca), zu denen *Artemia* gehören, schwimmen mit dem Bauch nach oben und filtern mit den Borsten an ihren Beinen Nahrung aus dem Wasser.

Triops cancriformis sind in Deutschland und Österreich heimisch

Die **Rückenschaler** oder **Schildkrebse** (Notostraca) mit dem namensgebenden Rückenpanzer bzw. Schild, der ihren Kopf und weite Körperteile bedeckt. Sie bewegen sich überwiegend auf dem Bodengrund, wo sie durch ihren Panzer gut geschützt sind. Die bekannteste Gattung sind die *Triops*.

Die **Muschelschaler** (Conchostraca), deren Körper durch eine zweiteilige Schale geschützt und dadurch muschelförmig sind, sind eng mit den Wasserflöhen (Cladocera) verwandt.

Ihr Verbreitungsgebiet erstreckt sich über die ganze Welt, und sie bevölkern sowohl Salz- als auch Süßwasser-Binnengewässer. Dabei handelt es sich meist um temporäre Gewässer, die nur zeitweise mit Wasser gefüllt sind und daher in der Regel keine Fische beherbergen. Denn Fische gehören zu den größten Fressfeinden der Urzeitkrebse, und es wird vermutet, dass die Krebse mit dem Aufkommen räuberischer Fische vor etwa 300 Millionen Jahren auf die ökologischen Nischen in kleinen Gewässern ausgewichen sind.

Einige Arten der Salzkrebschen (*Artemia*) werden teilweise industriell gezüchtet, um als Futter in Aquaristik und Aquakultur eingesetzt zu werden. Ihre frisch geschlüpften Larven, die sogenannten Nauplien, sind so klein und nahrhaft, dass sie für junge Fische und andere kleine Wasserbewohner ein hervorragendes Futter darstellen. Zudem sind die Zysten der Salzkrebschen, wie auch die Zysten anderer Urzeitkrebse, als sogenannte Dauereier/-zysten lange lagerfähig und können in kurzer

Eoleptestheria ticinensis ist ein zwanzig Millimeter groß werdender Muschelschaler

Mongolischer Schildkrebs, *Triops* sp. 'Mongolei'

Beim Weibchen von *Triops cancriformis* Beni Kabuto Ebi rot sieht man den Brutsack mit Eiern unter dem Schild

Erwachsene Weibchen des Tessin-Muschelschalers, *Eoleptestheria ticinensis*, können einige Hundert Eier im Nacken tragen

Zeit zum Schlupf gebracht werden, sind also zu jeder Jahreszeit ein hervorragendes und leicht zu beschaffendes Futter.

Aber nicht nur unter Aquarianerinnen und Aquarianern sind Salzkrebse bzw. Salinenkrebse bekannt und beliebt. Generationen von Kindern haben sich schon mit ihnen beschäftigt und in den USA wurde den Tierchen sogar ein eigener Tag gewidmet, der National Sea Monkey Day am 16. Mai jeden Jahres. Unter der Bezeichnung 'Sea-Monkeys®', übersetzt Meeresaffen, wurden *Artemia* in den USA seit Ende der 1950er-Jahre als Attraktion für Kinder gehandelt. Ein findiger Händler bewarb diese Krebschen mit Werbeanzeigen in Comic-Heften. Sie waren schließlich derart populär, dass sie in den 1990er-Jahren sogar Pate für eine Zeichentrickserie im US-Fernsehen standen (*The Amazing Live Sea Monkeys*). Auch in Deutschland hielten die *Artemia* durch die regelmäßige Beilage beliebter Kinderzeitschriften seit den 1970er-Jahren Einzug in viele Kinderzimmer und entpuppten sich als absolute Publikumslieblinge.

Neben Kindern in aller Welt faszinieren die Urzeitkrebse aber auch Wissenschaftler so sehr, dass sie bereits an mehreren Weltraummissionen teilnahmen und mit den Apollomissionen 16 und 17 ins All flogen, um Erkenntnisse über die Entwicklung der Krebse unter Weltraumbedingungen zu sammeln. Dabei fanden die Forscher heraus, dass sich durch den Weltraumflug die Geschwindigkeit erhöht, in der sich die Krebslarven entwickeln.

Ökologie der Urzeitkrebse

Urzeitkrebse haben sich wegen räuberischer Fische, die Jagd auf die Krebse und ihre Larven machten, in sichere Lebensräume zurückgezogen, wo sie bis heute erfolgreich überdauern. Die Lebensräume, in die sich die Urzeitkrebse wegen räuberischer Fische zurückgezogen haben, sind temporäre Gewässer wie Überschwemmungs- und Schmelzwassertümpel, Pfützen und Waldtümpel, die in regelmäßigen Abständen komplett trocken fallen und sich erst nach einiger Zeit wieder mit Wasser füllen, was Fischen ein Überleben nahezu unmöglich macht. In diesen temporären Gewässern erwiesen sich die Urzeitkrebse als sehr anpassungsfähig und haben sich je nach Art sowohl mit Salz- als auch mit Süßwasser arrangiert. Aber diese Gewässer haben nicht nur den Vorteil, keine Fressfeinde und Konkurrenten zu beherbergen, ihre Sauerstoffsättigung ist oft hoch und Nahrung gibt es in der Regel auch im Überfluss. Bei der Nahrungssuche unterscheiden sich die Urzeitkrebse voneinander:

Der Mono Lake in Kalifornien ist ein Natronsee und besonders salzhaltig. Er ist die Heimat von *Artemia monica*

Senkungen durch Panzerbewegungen sind auf einem Truppenübungsplatz in Sachsen-Anhalt die Heimat von *Triops cancriformis* und *Branchipus schaefferi*

- Feenkrebse (Anostraca) suchen meist freischwimmend nach Nahrung,
- Rückenschaler (Notostraca) bewegen sich sowohl im freien Wasser als auch am Bodengrund,
- Muschelschaler (Conchostraca) beschränken sich ausschließlich auf den Bodengrund.

Je nach Art ernähren sie sich räuberisch, filtrieren oder sind Aufwuchs-/Mulmfresser. Die Nahrung wird mit den hinteren Blattbeinpaaren zunächst aufgewirbelt und dann mithilfe der sogenannten Nahrungsrinne aufgenommen, die mittig zwischen den Beinpaaren verläuft und die Nahrung mittels Unterdruck in Richtung Mundraum befördert. Daneben dienen die Blattbeinpaare der Steuerung, dem Graben und der Aufnahme von Sauerstoff. Nicht zu vergessen, dass sich auch die Zystensäcke zur Fortpflanzung an den hinteren Blattbeinen befinden.

Die Anpassung der Urzeitkrebse an ein Leben in solchen Gewässern ist ziemlich perfekt. Ihre Dauereier sind widerstandsfähig genug, um die Trockenphasen problemlos zu überdauern und sich, sobald das Wasser zurückkehrt, in sehr schnellem Tempo zu entwickeln. Eigentlich handelt es sich dabei um meist sehr stabile Zysten, in denen bereits Zellteilungen stattgefunden haben. Bei manchen Urzeitkrebsarten vergeht nach dem Schlupf kaum mehr als eine Woche, bis die Tiere ausgewachsen sind. Die Kehrseite dieses rasanten Lebenszyklus ist klar: Die Tiere leben nur eine Saison, die je nach Art zwischen zwei Wochen und vier Monate lang ist.

Habitat von *Eubranchipus grubii* in der Nähe von Stralsund

Wie manche Namen verraten (Frühjahrs-, Sommer-Feenkrebs), gibt es bei den Urzeitkrebsen Anpassungen an bestimmte Jahreszeiten, sodass manche Arten im Frühjahr und einige erst im Sommer ihre Entwicklung beginnen. Gesteuert wird dies vermutlich über gewisse Temperaturfolgen oder über Veränderungen von Wasserparametern. Der Grund

Urzeitkrebs-Habitat im zeitigen Frühjahr (links) und im Sommer ohne Wasser

könnte auch darin liegen, dass die Arten einander dadurch aus dem Weg gehen und Konkurrenzen verhindern.

Auch für den Fall, dass in einer Saison die Vermehrung nicht gut klappt oder die Population zusammenbricht, bauen Urzeitkrebse vor. Bei *Triops* etwa ist dokumentiert, dass nur ein Teil der Nauplien kurz nach dem Eintreffen des Wassers schlüpft und andere später nach bis zu zwei Wochen. Allerdings bleibt auch ein Teil der Zysten weiterhin im Dauerstadium und wird erst in der nächsten oder sogar übernächsten Saison schlüpfen. So bleibt der Population stets eine Reserve für bessere Bedingungen. Wie hoch der Anteil der ‚Erstschlüpfer' ist, hängt von der Art sowie der Herkunft ab. Erfahrungsgemäß schlüpfen 10 bis 25 Prozent beim ersten ‚Aufguss'. Hinzu kommt, dass bei einigen Arten und Populationen manche Nauplien ohne Trockenphase sofort aus den Zysten schlüpfen, nachdem das Weibchen sie gelegt hat. Auch dies verfolgt wohl den Zweck, die Population zu erhalten. Denn solange noch genügend Wasser vorhanden ist, besteht durchaus die Chance, dass sich dieser Nachwuchs noch im Jahr seiner Zeugung bis zur Eiablage entwickeln kann.

Verstorbene *Triops* nach dem Austrocknen ihres Gewässers

Besonders spannende Anpassungen an ihren Lebensraum haben jene Urzeitkrebse geschafft, die in salzhaltigen Gewässern leben. Wenn hier der Salzgehalt schwankt, weil Was-

◀ Über den Facettenaugen von *Triops longicaudatus* sitzt das ‚dritte Auge'

ser verdunstet, beschleunigt sich ihre Entwicklung, denn schließlich wollen sie dem Vertrocknen zuvorkommen und rechtzeitig für Nachwuchs in den schützenden Zysten sorgen. Aber damit diese Tiere überhaupt bei stark schwankendem Salzgehalt leben können, bedarf es einer anatomischen Besonderheit. Bei den *Triops* – was ja übersetzt ‚Dreiauge' heißt – ist es besonders gut zu erkennen, denn das vermeintlich dritte Auge ist in Wirklichkeit das Nacken- bzw. Dorsalorgan. Mitunter wird das dritte Auge aber auch als Organ zur Unterscheidung zwischen Helligkeit und Dunkelheit gedeutet. Mit diesem Organ können die Krebse eine Regulation der Osmose betreiben, damit der Osmosedruck nicht zu stark ansteigt, im schlimmsten Fall würden die Krebse sonst sogar platzen. Der Osmosedruck steigt, je größer der Unterschied der Salz- und Mineralienkonzentration außerhalb und innerhalb des Krebses ist. Auch in temporären Gewässern, die mit Regenwasser gefüllt sind, steigt mit der Zeit der Gehalt an Mineralien, die aus dem Bodengrund im Wasser gelöst werden. Salzkrebschen der Gattung *Artemia* sind übrigens wahre Meister darin, mit sehr hohem Salzgehalt und starken Schwankungen der Salzkonzentration umzugehen. In einem natürlichen Lebensraum, dem Great Salt Lake im Bundesstaat Utah (USA), ist in manchen Bereichen des Sees die Salzkonzentration zehnmal höher als im Ozean.

Nicht alle Arten passen sich aber gleichermaßen gut an kurzfristige Veränderungen der Umweltbedingungen an. Zu den anpassungsfähigsten gehören die Gattung *Triops* und hier besonders *Triops cancriformis*. So zählen Triops sogar zu den Kulturfolgern, weil sie sich auf Reisfeldern sehr erfolgreich etabliert haben. Auch die Besiedlung von Fischteichen im mitteleuropäischen Raum durch verschiedene Urzeitkrebse kann als Kulturfolge bewertet werden, denn auch diese Gewässer werden jeden Winter abgefischt und trockengelegt.

Großer Salzsee, Utah/USA

Nur aus einigen Zysten schlüpfen auch Nauplien, die übrigen schlüpfen später, wenn sie ein- oder mehrfach durchgetrocknet sind.

Ein Zystenpaket eines *T.-longicaudatus*-Weibchens

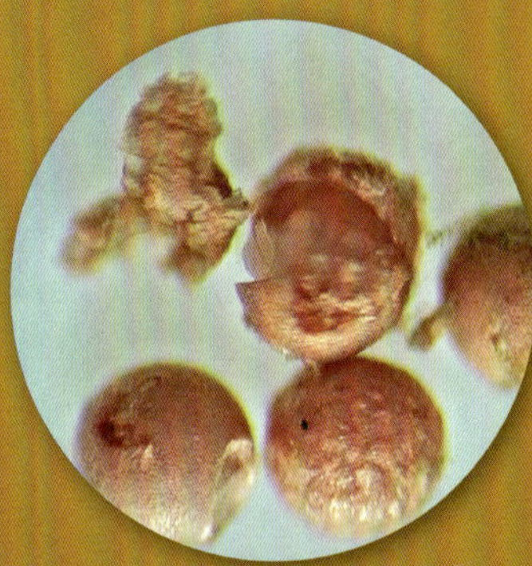
Aufbrechen der äußeren Zystenhülle

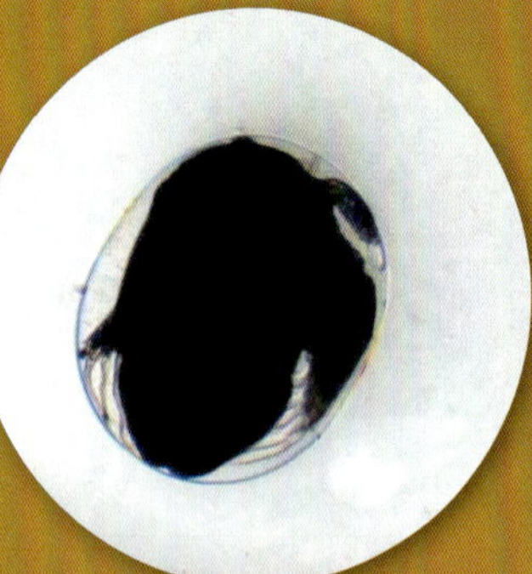
Nauplie in ihrer Schutzhülle (Chorion)

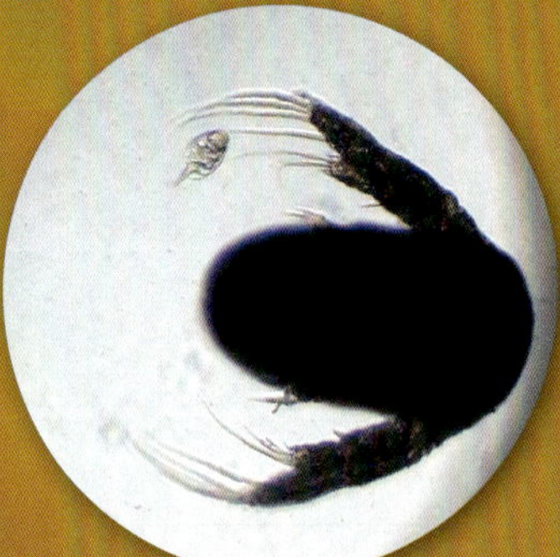
1. Nauplienstadium

2. Nauplienstadium

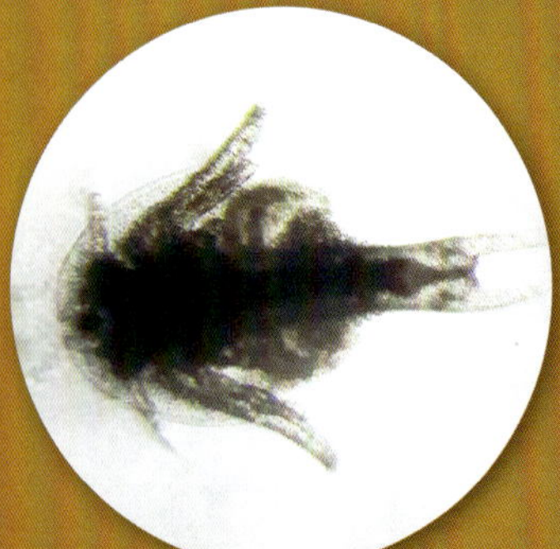
3. Nauplienstadium

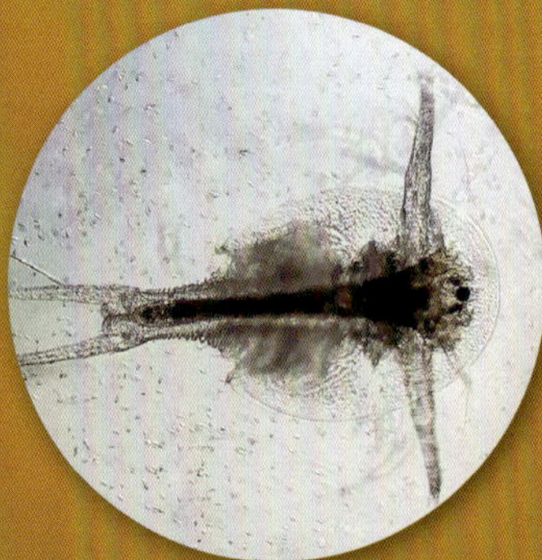
4. Nauplienstadium

Vollständig entwickelter, juveniler *Triops cancriformis*

Vom Ei zum Urzeitkrebs

Bei Urzeitkrebsen wird oft von ‚Dauereiern' gesprochen, es handelt sich aber tatsächlich um Zysten, also um verkapselte Embryonen. Die Schale, mit der diese ummantelt sind, ist bei den allermeisten Urzeitkrebsen extrem widerstandsfähig. In Versuchen hielten *Artemia*-Zysten sowohl extremer Kälte (flüssiger Stickstoff bei -210 °C) als auch Salzsäure stand und blieben schlupffähig. Selbst wenn sie mitsamt Zysten von einem Fressfeind verschlungen werden, durchlaufen diese dessen Verdauungstrakt unbeschadet und werden dabei oft an einem anderen Ort wieder ausgeschieden, wodurch die Krebse neue Lebensräume erschließen können.

Nach der Abgabe der Zysten durch das Elterntier entwickelt sich der Embryo einige Tage, bis er das sogenannte Gastrula-Stadium erreicht hat und ausreichend entwickelt ist, um das Dauerstadium, die Diapause, zu beginnen. Warum die Embryonen problemlos Jahre in den Zysten überdauern können, klingt bizarr: Sie stellen das Leben ein, atmen daher nicht und betreiben keinerlei Stoffwechsel – die Diapause.

Die Zysten überdauern im Bodengrund und warten auf frisches Wasser, beispielsweise den nächsten starken Regen oder das Eintreffen von Schmelzwasser. Sobald sich die Gewässer wieder gefüllt haben und die Parameter wie Wasserqualität, Temperatur und Lichtdauer stimmen, setzen die Embryonen ihre Entwicklung fort. Die Nauplien schlüpfen dann nach wenigen Stunden oder Tagen. Genau das kann man beobachten, wenn man die Zysten ins Aquarium gibt.

In den ersten Stunden (maximal wenige Tagen nach dem Schlupf) ernähren sich die Nauplien noch von den Resten aus ihrem Dottersack, danach beginnen sie, Nahrung aus dem Wasser aufzunehmen. Sie wachsen von Tag zu Tag rasant und sind nach wenigen Wochen bereits ausgewachsen.

Triops cancriformis 'Beni Kabuto' hat sich gehäutet

Triops sp. 'Mongolei', Männchen

Vermehrung

Urzeitkrebse nutzen je nach Art und teilweise sogar regional begrenzt unterschiedliche Fortpflanzungsstrategien. Die meisten Arten sind getrenntgeschlechtlich, es gibt also Männchen und Weibchen. Bei zahlreichen Arten ist aber nicht zwingend eine Paarung zwischen Männchen und Weibchen nötig, sie vermehren sich stattdessen durch die sogenannte Jungfernzeugung (Parthenogenese). In manchen Populationen von Salzkrebschen (*Artemia*) führt das sogar dazu, dass nahezu alle Tiere genetisch identische Klone sind. Neben der Jungfernzeugung nutzen einige aber auch die Fortpflanzung als Zwitter (Hermaphroditen), die sich selbst befruchten. Beispielsweise lassen sich bei *Triops cancriformis* im nördlicheren Teil ihres mitteleuropäischen Verbreitungsgebietes fast nur Exemplare finden, die wie Weibchen aussehen. Hierbei wird angenommen, dass es sich bei diesen Tieren um selbstbefruchtende Zwitter handelt, die keinen Geschlechtspartner benötigen, um befruchtete Zysten zu entwickeln.

Die Tiere erreichen die Geschlechtsreife in der Regel ein bis zwei Wochen nach dem Schlupf, bei manchen Arten dauert es, abhängig von den Umweltbedingungen, vier bis sechs Wochen. Diese schnelle Entwicklung ist wichtig, weil der Zeitfaktor für die erfolgreiche Reproduktion der Urzeitkrebse eine

◂ Der Brutsack eines roten *Triops longicaudatus*-Weibchens mit Eiern ist gut unter dem Schild zu erkennen

Der Brutsack des Feenkrebs-Weibchens ist sehr unterschiedlich geformt. Bei *Dendrocephalus brasiliensis* ist er lang und läuft spitz aus

Bei Muschelschalern liegt der Brutsack geschützt unter den Schalen. Meist leuchten die Eier auffällig, hier sind es Hunderte bei *Eolepttestheria ticinensis*

Ein *Artemia*-Männchen hat sein Weibchen gepackt und schwimmt mit ihm einige Zeit durchs Wasser

zentrale Rolle spielt. Es steht ihnen nur eine Saison zur Verfügung, um den Fortbestand zu sichern. Die Krebschen verdanken es nur ihren die Trockenheit überdauernden Zysten, dass sie sich in den temporären Gewässern etablieren konnten.

Wenn es zur Paarung zwischen Männchen und Weibchen kommt, klammern sich die Männchen an den Weibchen fest. Die Feenkrebsmännchen nutzen hierfür ihre Antennen am Kopf, um die Weibchen zu ergreifen. Die Männchen der Muschelschaler ergreifen seitlich die Schale der Weibchen, wodurch die beiden dann über Kreuz aneinanderhaften.

Die Weibchen bilden Eiersäcke (die Übersetzung des englischen Begriffs lautet ‚Brutbeutel' und beschreibt diese anatomische Gegebenheit sehr gut). Darin tragen sie die Eier und geben sie an die Umgebung ab bzw. *Triops* vergraben sie im Bodengrund. Insbesondere bei Weibchen, die kurz danach sterben, wird aber auch immer wieder die Abgabe von sogenannten Instant- bzw. Subitannauplien beobachtet. Dabei handelt es sich bereits um Zysten, aus denen die Nauplien sofort schlüpfen, ohne eine Trockenphase durchlebt zu haben.

Männchen (hinten) der mongolischen Rückenschaler sind länger und farbiger als die Weibchen, bei denen die Brutbeutel mit Eiern zu sehen sind

Bei allen Muschelschalern greifen die Männchen (hier die bei uns geschützte Art *Leptestheria dahalacensis*) zur Begattung zwischen die Schilde der Weibchen

Bodengrund mit Zysten

Die trockene Entwicklungspause (s. S. 19) stellen wir bei der Zucht auch nach. Um die Zysten zu ernten, sind entweder alle Alttiere gestorben und der Bodengrund wird getrocknet oder mit den Zysten entnommen. Man lässt den Bodengrund ohne oder mit wenig Wasser geschützt stehen und das Wasser verdunsten. Durch die langsame Trocknung werden sich die Zysten fertig entwickeln. Um neu zu starten, nimmt man von dem Bodengrund so viel wie notwendig, abhängig von der Zystenkonzentration.

Gelagert werden muss der Boden bei den meisten Arten trocken und kühl. Auch das Einfrieren bei -18 °C im Gefrierschrank ist kein Problem, es verlängert in der Regel sogar die Schlupffähigkeit auf Jahre.

Nur wenige, für das Hobby nicht relevante Arten scheinen nicht ganz austrocknen zu dürfen.

Triops longicaudatus buddelt seine Eier in den Sand ein

Triops longicaudatus Multicolor

Artemia lassen sich mit feinen Futterpartikeln füttern

Großer Salzsee, Utah/USA

Artemia

Artemia (Salzwasser-Feenkrebse oder Salinenkrebse) sind typische Bewohner von Binnensalzgewässern und können mit ihren Dauereiern (Zysten) das Austrocknen dieser Gewässer überstehen. Sind die Verhältnisse günstig, dann schlüpfen aus den Eiern gleich die Nauplien, nur bei schlechten Bedingungen werden Dauereier abgelegt. So ist für die Haltung im Aquarium oder Kübel kein Trocknen der Zysten notwendig.

Die Tiere ernähren sich von Bakterien und Algen, die sie aus dem Wasser filtern. Erwachsene *Artemia* können auch Mikroorganismen oder Algen vom Beckenrand aufnehmen. Vielfach kommen keine Nauplien mehr auf, wenn der Bestand an Alttieren zu groß ist. Vermutlich werden frische Nauplien von erwachsenen Salinenkrebsen verspeist.

Die Fortpflanzung erfolgt über Begattung oder Jungfernzeugung durch die bei einigen Arten vorhandene Zwitterdrüse, also eine Selbstbefruchtung.

Vertreter der Gattung *Artemia* kommen in riesigen Mengen in Salzseen wie dem stark alkalischen Mono Lake in Kalifornien (*Artemia monica*) oder dem Großen Salzsee in Utah vor. Auch in Salinen, woher sie ihren Namen haben, können sie überleben.

Die Arten sind mit einfachen Methoden nicht unterscheidbar. Morphologische Differenzierung ist ausschließlich im männlichen Geschlecht möglich und nicht immer verlässlich. *Artemia* sind, abhängig von Futter, Wasser, Temperatur und Licht, sehr variabel. Kreuzungen sind zu vermuten. Im Handel dominiert *Artemia franciscana*, die in Massen besonders in den USA gezüchtet werden, auch wenn sie häufig als *Artemia salina* verkauft werden. Weitere Arten gibt es in Asien.

Artemia salina

Herkunft	**Südeuropa, Frankreich, Spanien, Nordafrika**
Größe	**bis 25 mm**
Temperatur	**ab 10 °C, Schlupf und Vermehrung ab ca. 20 °C**
Lebenserwartung	**ab 30 °C werden sie kaum 2 Monate alt, unter 20 °C können es 4 bis 6 werden**

Artemia salina wird in warmem Wasser und geringem Sauerstoffgehalt rötlich. Sie ähnelt sehr *Artemia franciscana*, mit der sie oft verwechselt wird. Auch im Freiland scheint diese *A. salina* in Europa zu verdrängen. *A. salina* wurde von Linné 1758 aus einer Saline bei Lymington (GB) beschrieben. Da die Art aufgrund des Verhältnisses Regen zu Trockenheit aber nicht nördlich der Bretagne (Frankreich) vorkommen kann, wird die von Linné beschriebene Art nicht natürlich in England gelebt haben. **Haltung siehe *Artemia franciscana*.**

Artemia-Nauplien werden als Futter in der Fischzucht verwendet

Artemia franciscana

Herkunft	**Nordamerika. Wurde in Europa (auch in Deutschland) und in vielen Ländern ‚ausgesetzt', um sie kommerziell zu züchten.**
Größe	**bis 25 mm**
Temperatur	**ab 10 °C**
Lebenserwartung	**ab 30 °C werden sie kaum 2 Monate alt, unter 20 °C können es 4 bis 6 werden**

A. franciscana ist eine sehr variable Art, die abhängig von Futter, Temperatur und Licht von dunkelgrün (bei vielen Schwebealgen im Frühjahr) bis kräftig rot (bei hohen Temperaturen und geringerem Sauerstoffgehalt) erscheint. Es könnte sich bei ihr auch um *A. monica* aus dem Mono Lake (östlich vom Yosemite Nationalpark) handeln, da diese früher beschrieben wurde und identisch sein könnte. Weit entfernt sind die Vorkommen nicht.

A. franciscana kann bei einem Salzgehalt von etwa 20 bis 50 g/l gehalten werden. Nach dem Schlupf (bei viel Licht, ab 20 °C) werden auch niedrigere Temperaturen vertragen. Bereits nach zwei Wochen können sie geschlechtsreif sein. *A. franciscana* pflanzt sich ausschließlich geschlechtlich fort, dabei packt das Männchen das Weibchen vor dem Eiersack, um es zu begatten. Die Paarung kann mehrere Stunden dauern, sie schwimmen daher sehr viel als Pärchen.

Bei der Paarung hält sich das Männchen am Weibchen fest

Männchen bilden kräftige Zangen aus, mit denen sie das Weibchen festhalten können

Hier ist das Männchen rot gefärbt und das Weibchen grün, was aber kein Geschlechtsmerkmal ist

Artemia parthenogenetica

Herkunft	**Afrika, Asien und Europa, keine spezifische Art**
Größe	**bis 15 mm**
Temperatur	**ab 10 °C**
Lebenserwartung	**ab 30 °C werden sie kaum 2 Monate alt, unter 20 °C können es 4 bis 6 werden**

Artemia parthenogenetica ist keiner biologischen Art zuzuordnen und ist nomenklatorisch ungültig. Beschrieben werden mit dem Namen nur ‚parthenogenetische *Artemia*-Stämme', deren Mitglieder überwiegend genetisch identische Klone sind und parthenogenetische Populationen, also ohne Männchen, bilden.

Haltung siehe *A. franciscana*

A. parthenogenetica ist eigentlich keine eigene Art, sondern sind Stämme rein weiblicher *Artemia*

Artemia nyos

Herkunft	**USA**
Größe	**bis 15 mm**
Temperatur	**ab 10 °C**
Lebenserwartung	**ab 30 °C werden sie kaum 2 Monate alt, unter 20 °C können es 4 bis 6 werden**

Artemia nyos ist der Handelsname einer besonders widerstandsfähigen Zuchtlinie des Züchters Harold von Braunhut, New York, die seit 1960 unter dem Warennamen ‚Sea-Monkey' insbesondere in den USA vertrieben wird. Der Namensteil ‚nyos' ist eine Abkürzung für New-York-Ocean-Science-Laboratory, in dem die Zuchtlinie entstanden sein soll. Es dürfte sich vermutlich um *A. franciscana* handeln.

Haltung siehe *A. franciscana*

Artemia persimilis

Herkunft	**Süden Südamerikas, Argentinien**
Größe	**ca. 5 mm**
Temperatur	**ab 10 °C**
Lebenserwartung	**ab 30 °C werden sie kaum 2 Monate alt, unter 20 °C können es 4 bis 6 werden**

Artemia persimilis besitzt die kleinsten Nauplien, die daher sehr gut für die Aufzucht von Zierfischen geeignet sind, die sehr kleines Lebendfutter benötigen. Erwachsene *A. persimilis* sind nach meiner Erfahrung unscheinbar durchsichtig weiß und werden keinen Zentimeter groß.

A. persimilis kann bei einem Salzgehalt von etwa 20 g/l Salz gehalten werden.

Vermehrung wie *A. franciscana*.

Artemia persimilis ist die kleinste *Artemia*-Art

Artemia franciscana werden abhängig von Wassertemperatur und Futter im Freiland rot bis grünlich

Naturschutzgebiet Döberitzer Heide

Süßwasser-Feenkrebse

Süßwasser-Feenkrebse fristen leider ein Randdasein im Hobby, auch wenn sie faszinierend anzuschauen sind. Auch in Deutschland gibt es einige Arten. Am bekanntesten sind der Frühjahrs-Feenkrebs *Eubranchipus grubii*, der noch recht oft in temporären Gewässern insbesondere in Wäldern zu finden ist. Der Sommer-Feenkrebs *Branchipus schaefferi* steht in Deutschland unter strengem Schutz. Er lebt von Frühjahr bis Herbst in offenen Pfützen. Solche Biotope finden wir zum Beispiel in Brandenburg in der Döberitzer Heide oder Sachsen-Anhalt in der Colbitzer Heide auf Truppenübungsplätzen.

Auch die anderen Süßwasser-Feenkrebse leben in temporären Gewässern auf allen Kontinenten außer der Antarktis. Sehr viele Arten haben eine orangefarbene Furca (Schwanzfäden). Bei manchen Arten, wie *Branchipus schaefferi*, sind die Eiersäcke der Weibchen leuchtend auffällig gefärbt, sodass Wassergeflügel sie findet, frisst und Zysten verbreitet.

Die Ansprüche an die Haltung der hier genannten Arten sind nahezu gleich. Feenkrebse vertragen keine Strömung. Becken ab etwa 2,5 Liter Volumen reichen für wenige Tiere aus. Um eine Kahmhaut zu vermeiden und das Wasser leicht zu filtern, kann man einen sehr langsam laufenden und luftbetriebenen Schwammfilter verwenden. Das Wasser sollte aber nicht klar sein, denn die Feenkrebse sind Filtrierer und nehmen ihre Nahrung hauptsächlich aus dem freien Wasser auf, und Schwebealgen sind daher willkommen. Es ist auffällig, dass die Feenkrebse besser wachsen und größer werden, wenn das Wasser leicht grünlich ist.

Der Schlupf erfolgt manchmal schon nach wenigen Stunden, wobei bei den meisten Arten maximal aus einem Viertel der Zysten Nauplien schlüpfen. Bereits nach ein bis zwei Wochen können die Feenkrebse geschlechtsreif sein. Die Feenkrebs-Weibchen der hier vorgestellten Arten lassen die Eier einfach auf den Boden fallen. Die Zysten sind deutlich kleiner als bei *Triops*, jedoch größer als bei Muschelschalern.

Die Lebenserwartung hängt von Temperatur und Ernährung ab. Je wärmer und je mehr Futter, desto schneller wachsen die Feenkrebse, allerdings sinkt dann ihre Lebenszeit auf unter drei Monate.

Weibchen von *Branchipus schaefferi*

Thailändischer Feenkrebs, *Branchinella thailandensis*

Herkunft	**Thailand**
Größe	**bis 25 mm (bei Freilandhaltung etwas größer)**
Temperatur	**22 – 28 °C**
Lebenserwartung	**2 bis 4 Monate abhängig, von Temperatur und Futter**

Thailändische Feenkrebse sind cremefarben mit orangefarbenen Schwanzfäden. Unter Freilandbedingungen können sie wohl auch bläulich werden. Die Eisäcke der Weibchen haben meist ein leuchtendes Orange. Sie werden für empfindliche Fische in Asien auch als Lebendfutter genutzt, wenn *Artemia* nicht ausreichen oder gar nicht verfügbar sind.

B. thailandensis sind grünlich gefärbt und haben gerade orangefarbene Schwanzfilamente

Weibchen haben einen birnenförmigen Brutsack mit bis zu 50 Eiern

Männchen besitzen große Greifwerkzeuge, mit denen sie die Weibchen festhalten

Siam-Feenkrebs, *Streptocephalus siamensis*

Herkunft	**Thailand**
Größe	**bis 20 mm (bei Freilandhaltung etwas größer)**
Temperatur	**22 – 28 °C**
Lebenserwartung	**2 bis 4 Monate, abhängig von Temperatur und Futter**

Siam-Feenkrebse sind bläulich mit orangefarbenen Schwanzfäden. In der Aquarienhaltung bleiben sie mit zwei Zentimetern recht klein, können aber bei viel Sonne und Temperaturen an die 30 °C größer werden und kräftiger gefärbt sein.

S. siamensis bleiben recht klein

S. siamensis sind blau gefärbt und kleine, ruhige Krebse

Brasilianischer Feenkrebs, *Dendrocephalus brasiliensis*

Herkunft	**Brasilien**
Größe	**bis 30 mm (bei Freilandhaltung etwas größer)**
Temperatur	**22 – 28 °C**
Lebenserwartung	**2 bis 4 Monate, abhängig von Temperatur und Futter**

Brasilianische Feenkrebse bestechen durch die deutlichen Farbunterschiede von Männchen und Weibchen. Insbesondere erwachsene Tiere können intensiv gefärbt sein, während die Männchen einen blauen Körper besitzen, werden die Weibchen grünlich. Die Schwanzfäden sind orangefarben. Die Eisäcke sind auffällig spitz und lang. Bei der im Hobby als *D. brasiliensis* verbreiteten Art könnte es sich eventuell auch um *D. orientalis* handeln.

Männchen sind eher blau gefärbt, abhängig von Licht, Futter und Wasser

Die Farbe der Weibchen ist eher grünlich, ihr Brutsack ist spitz und schlank

Biberschwanz-Feenkrebs, *Thamnocephalus platyurus*

Herkunft	**Zentrales Nordamerika**
Größe	**20 – 35 mm (bei Freilandhaltung etwas größer)**
Temperatur	**22 – 27 °C**
Lebenserwartung	**2 bis 4 Monate, abhängig von Temperatur und Futter**

Biberschwanz-Feenkrebse haben eine einzigartige Form der Schwanzfäden, die an einen Biberschwanz erinnert. Sie sind kräftiger gebaut als andere Feenkrebse und auch der Schwanz ist breiter. Im Freiland leuchten sie bei Sonneneinstrahlung in einem kräftigen Orange, was sicher auch mit der Ernährung durch Algen zusammenhängt. Sie wachsen anfangs recht schnell, wobei die Geschlechtsreife auch bei optimalen Bedingungen erst nach etwa zwei Wochen einsetzt.

Biberschwanz-Feenkrebse sind im Aquarium meist blass, werden aber bei Sonnenlicht sehr farbig

Mongolischer Feenkrebs, *Branchipodopsis affinis*

Herkunft	**Mongolei**
Größe	**20 – 30 mm**
Temperatur	**22 – 27 °C, optimal 26 °C**
Lebenserwartung	**2 bis 4 Monate, abhängig von Temperatur und Futter**

B. affinis sind eher orange mit gebogenen Schwanzfilamenten (Fotos zeigen ein Männchen)

Der orangefarbene und schlanke Gabelschwanz unterscheidet die mongolischen Feenkrebse von anderen Arten, denn er ist wie eine Greifzange gebogen. Bei Temperaturen um 26 °C wachsen sie sehr schnell und verstecken sich beispielsweise gern unter Wasserlinsen und weiden an den Wurzeln. Sie lassen sich sehr gut mit Muschelschalern vergesellschaften, die ihnen quasi das Futter aufwirbeln.

Stachelschwanz-Feenkrebs, *Streptocephalus sealii*

Herkunft	**Zentrales Nordamerika**
Größe	**15 – 30 mm**
Temperatur	**um 24 °C**
Lebenserwartung	**2 bis 4 Monate, abhängig von Temperatur und Futter**

Ihr Name kommt von den ‚Stacheln' an den orangefarbenen Schwanzfäden. Im Aquarium bleibt die Körperfarbe meist blass, in der Natur können sie, abhängig von Temperatur, Ernährung und Licht, rot, blau oder grün werden.

S. sealii ist abhängig von den Umweltbedingungen variabel gezeichnet, hat jedoch immer orangefarbene Schwanzfäden

Triops

Auch wenn die *Triops* eine sehr alte Gattung sind, so sind viele Formen nur schwer einer wissenschaftlichen Art zuzuordnen. Dies liegt daran, dass die wissenschaftliche Systematik dieser Gattung in ziemlich kurzen Abständen überarbeitet wird: Unterarten und ganze Arten werden neu beschrieben oder anders klassifiziert, geläufige Artbezeichnungen entfallen, tauchen aber mitunter später wieder auf. Aufgrund der äußerlichen Variabilität kann eine sichere Artzuordnung von Tieren eigentlich nur durch eine Genanalyse und das Wissen über den genauen Herkunftsstandort erfolgen. Inwieweit sich Arten kreuzen können, ist ebenfalls noch nicht sicher. Wenn man Zuchtansätze mit Herkunftsangabe kauft, sollte unbedingt darauf geachtet werden, dass sie von einem seriösen Anbieter stammen. Leider sind manchmal Angaben falsch oder ausgedacht (z. B. *Triops saxonia*), um sie teuer verkaufen zu können. Für die Haltung ist es beispielsweise völlig egal, ob der *Triops-cancriformis*-Ansatz mal aus den March-Auen in Österreich, der Colbitzer Heide in Sachsen-Anhalt oder einem Karpfenteich in Königswartha/Sachsen stammt.

Ich verwende daher hier die gebräuchlichen Artnamen aus dem Hobby, auch wenn sie möglicherweise wissenschaftlich nicht (mehr) korrekt sind.

T. longicaudatus rot, Gesicht in der Frontansicht

Der Zusatz 'sp.' (species = Art) bedeutet, dass es eine Kreuzung oder eine echte Art ist, die allerdings nicht bekannt oder nicht beschrieben ist. 'cf.' (confer = vergleichbar) gibt an, wenn eine Art nicht sicher bestimmbar ist, aber ähnlich einer bekannten Art ist.

Die Größenangaben erfolgen ohne Gabelschwanz, da dieser auch bei kräftigen Tieren unterschiedlich lang ist. Deshalb kann immer noch etwa ein Drittel der Größe hinzugerechnet werden. Die maximale Größe wird nur bei optimalen Umweltbedingungen erreicht.

Triops australiensis (grün)

Triops cancriformis

Lebenserwartung: Alle *Triops* leben etwa zwei bis vier Monate, abhängig von Temperatur und Ernährung. Je wärmer und proteinreicher die Nahrung ist, desto kürzer ist die Lebenszeit.

Europäischer Sommerschildkrebs, *Triops cancriformis*

Herkunft	**Europa, ohne Skandinavien und iberische Halbinsel**
Größe	**max. 7 cm, mit Gabelschwanz 11 cm**
Temperatur	**20 – 25 °C, im Freilandkübel temporär 15 – 30 °C**
Lebenserwartung	**6 Wochen bis 5 Monate, abhängig von Temperatur und Futter**

T. cancriformis ist ein dunkelbrauner Krebs. Er besitzt eine variable Marmorierung, die bei jedem Tier unterschiedlich ausfällt. Charakteristisch ist sein gedrungener Körperbau. Die Unterscheidung der Geschlechter ist nur anhand des Fehlens der Eitaschen bei den Männchen sowie deren Verhalten möglich. Es gibt Populationen dieser Art, die nahezu ausschließlich aus Tieren bestehen, die wie Weibchen aussehen und wo Männchen nur sporadisch auftreten.

Das Wasser sollte für *T. cancriformis* etwa 20 °C bis 25 °C, also Zimmertemperatur, haben. Bereits nach ein bis zwei Tagen schlüpfen die ersten kleinen *Triops*. Ab Mai können sie sehr gut in einem Maurerkübel im Garten oder auf dem Balkon mit Regenwasser angesetzt werden. Etwas unbelastete Gartenerde und ein Wasserstand von 10 bis 20 Zentimeter sind ideal. Gefüttert werden muss bei Sonneneinstrahlung kaum, da sie sich von Algen und Anfluginsekten wie Mückenlarven ernähren. Hier werden sie auch größer als in der Wohnungshaltung.

Instant-Nauplien (s. S. 23) sind bei dieser Art häufig zu beobachten. Da *T. cancriformis* im Gegensatz zu anderen *Triops*-Arten seinen Nauplien und Zysten kaum nachstellt, haben sie sogar manchmal Chancen, erfolgreich aufzuwachsen.

Die Eier in den Eiersäcken bzw. Brutbeuteln sind meist rötlich und auch im hellen Sand gut erkennbar

◂ Der Körper von *T. cancriformis* ist von unten rot, und man sieht hier gut die vielen Beine. Schnecken sind als Resteverwerter eine gut Begleitung

Roter Europäischer Sommerschildkrebs, *Triops cancriformis* var. Beni Kabuto Ebi (rot)

Herkunft	**Zuchtform vermutlich aus Japan**
Größe	**max. 7 cm, mit Gabelschwanz 11 cm**
Temperatur	**20 – 25 °C, im Freilandkübel temporär 15 – 30 °C**
Lebenserwartung	**2 bis 4 Monate, abhängig von Temperatur und Futter**

Hier handelt es sich vermutlich um eine japanische Zuchtform von *T. cancriformis*. Beni Kabuto Ebi bedeutet etwa ‚Rote Helmgarnele', wobei Roter Schildkrebs besser passt. Abhängig vom Futter (Zugabe von Karotinoiden verstärkt die Färbung), sind sie leicht rosa bis intensiv rot gefärbt. Sie haben die gleichen Ansprüche wie die braune Wildform.

T. cancriformis var. Beni Kabuto Ebi sind rosa bis rot gefärbt

Diese Zuchtform knabbert, wie alle *T. cancriformis*, gerne an Pflanzen

Kleiner Europäischer Sommerschildkrebs, *Triops cancriformis simplex*

Herkunft	**Nördliche Iberische Halbinsel bis zu den Pyrenäen**
Größe	**max. 5 cm**
Temperatur	**20 – 25 °C**
Lebenserwartung	**2 bis 4 Monate, abhängig von Temperatur und Futter**

Hier handelt es sich um eine Unterart von *T. cancriformis*. Sie bleibt aber deutlich kleiner und ist in der Jugendfärbung grün/camouflagefarben gemustert. Erwachsene Tiere werden eher schwarz, mit einer teils bläulich schimmernden Unterseite. Sie haben sich als sehr agil herausgestellt und lieben Wasserlinsen über alles.

Die Haltung entspricht der von *T. cancriformis*. Durch ihre geringe Größe von etwa vier Zentimetern eignen sie sich hervorragend für kleinere Becken ab 2,5 Litern. Als europäische Art kann man sie auch problemlos bei Zimmertemperatur halten. Sie ernähren sich vornehmlich pflanzlich, sodass das Wasser nicht so sehr belastet wird wie bei den aggressiveren *Triops longicaudatus*.

Der kompakte *T. cancriformis simplex* ist gut für kleine Becken geeignet

Mauritanischer Schildkrebs, *Triops mauritanicus* (grün)

Herkunft	**Nordafrika, Iberische Halbinsel**
Größe	**9 cm**
Temperatur	**22 – 26 °C, zeitweise bis 28 °C**
Lebenserwartung	**6 Wochen bis bis 4 Monate, abhängig von Temperatur und Futter**

Triops mauritanicus (grün) ist ein grün schimmernder Schildkrebs mit gelber Nase und einem gedrungenen Körperbau. Die Jungtiere zeigen im Laufe ihrer Entwicklung eine beeindruckende Wandlung der Marmorierung, die immer mehr nachlässt. Diese Variante ist eng mit *T. cancriformis* verwandt und galt früher als Unterart. Möglicherweise wird die Art im Hobby auch als *T. cancriformis* var. Grün aus Spanien gehandelt.

T. mauritanicus sind eng mit *T. cancriformis* verwandt

Sie ist im Erwachsenenalter anhand von zwei kräftigen dornartigen Fortsätzen links und rechts am Schwanzende erkennbar. Durch ihre Herkunft vertragen sie etwas wärmere Temperaturen als *T. cancriformis*. Häufig treten auch Männchen auf, die an den fehlenden Eisäcken erkennbar sind, darüber wirken sie schlanker und dynamischer.

Auch *T. mauritanicus* können in Becken ab 2,5 Litern aufgezogen werden, wegen ihrer Größe und Dynamik bieten sich jedoch Becken ab sechs Litern an. Hat man mehrere Tiere und beide Geschlechter, kann das Becken gern größer sein, damit sie sich entfalten können. Sie fressen gern tierische wie auch pflanzliche Kost.

Japanischer Schildkrebs, *Triops granarius*

Herkunft	**Asien, Afrika**
Größe	**max. 7 cm, meist um 5 cm**
Temperatur	**21 – 27 °C**
Lebenserwartung	**2 bis 4 Monate, abhängig von Temperatur und Futter**

Der Japanische Schildkrebs besitzt eine dunkelbraun-gesprenkelt bis hellbeige Färbung. Er kommt auch in einigen europäischen Ländern wie Italien vor. Er gehört zu den wenigen Arten, bei denen für die Fortpflanzung sowohl Weibchen als auch Männchen benötigt werden (gonochorisch). Die Männchen haben einen eher runden flachen Schild, die Weibchen einen länglichen. Der Schwanz der Männchen wirkt deutlich länger als bei den Weibchen, die gedrungener und kleiner als die Männchen sind.

Natürlich können auch *T. granarius* ab 2,5 Litern aufgezogen werden, aufgrund der Dynamik bieten sich jedoch Becken ab sechs Litern an. Hat man mehrere Tiere und beide Geschlechter, kann das Becken gern größer sein, auch 60 Zentimeter sind dann für ihre Entfaltung nicht zu viel. Da die Männchen ständig den Weibchen nachstellen, um sie zu begatten, sollten die Weibchen in der Überzahl sein. Ich empfehle ein Verhältnis von einem Männchen auf mindestens fünf Weibchen. Bei vielen Männchen und wenig Weibchen wird am besten ein zweites Becken als ‚Männer-WG' eingerichtet, da die Männchen sonst die Weibchen so unter Stress setzen, dass sie sterben.

Männchen besitzen einen längeren Schwanz und sind flacher als die Weibchen

Weibchen haben einen kürzeren Schwanz und sind hochrückig

Amerikanischer Schildkrebs, *Triops longicaudatus*

Herkunft	**Nordamerika, auch Mittel- und Südamerika**
Größe	**max. 9 cm**
Temperatur	**21 – 27 °C, bei höheren Temperaturen werden sie nicht alt**
Lebenserwartung	**2 bis 3 Monate**

Der Amerikanische Schildkrebs hat anfangs eine hell-olivgrüne Marmorierung, die im Alter verschwindet, und die Farben werden intensiver. Im Hobby sind verschiedene Farbformen bekannt mit unterschiedlich intensiver Marmorierung und Nuancen in der Farbe von Olivgrün bis Gelbbraun. Inwieweit es möglicherweise verschiedene Arten sind, ist bisher nicht klar. Ob Funde z. B. aus Asien auch *T. longicaudatus* sind, die dorthin verschleppt wurden oder andere Arten sind, ist nicht sicher.

T. longicaudatus ist ein aktiver und fürs Hobby gut geeigneter Rückenschäler

Hier ist das ‚dritte' Auge gut zu erkennen

Die Art ist nicht ganz so hochrückig wie *T. cancriformis*, sie wächst schneller und kann bereits nach zwei Wochen geschlechtsreif sein und Eier legen. Das Auftreten von Männchen ist selten, meist vermehren sie sich wohl durch Jungfernzeugung, sodass ein Eier tragendes Tier ausreicht, um den eigenen Bestand zu sichern. Diese Art ist in der Regel in den als Spielzeug verkauften Experimentiersets verschiedener Anbieter enthalten, da sie schnell wächst und die Weibchen recht viele Eier produzieren.

T. longicaudatus gehört zu den einfach zu haltenden Arten. Aufgrund der Endgröße sollten sie nicht unter 2,5 Litern gehalten werden, darin können dann ein bis zwei Tiere erwachsen werden. Für eine kleine Gruppe sind sechs Liter Minimum, gern auch Aquarien von 20 bis 50 Liter Volumen. Da die Art schnell wächst und viel frisst, sollte immer auf die Wasserwerte geachtet und bei Nitrit oder steigendem Nitratwert das Wasser gewechselt werden. Eine Filterung bietet sich an. Bei der Einrichtung des Beckens sollte die starke Wühlaktivität dieser Tiere bedacht werden und alle Dekoration daher umsturzsicher platziert werden.

Roter Amerikanischer Schildkrebs, *Triops longicaudatus* (rot)

Herkunft	**Nordamerika (Zuchtform)**
Größe	**max. 9 cm**
Temperatur	**21 – 27 °C, bei höheren Temperaturen werden sie nicht alt**
Lebenserwartung	**2 bis 3 Monate**

Die rote albinotische Variante von *Triops longicaudatus* wird rosa bis rot, abhängig von der Fütterung. Es ist eine Zuchtform und kann genauso gehalten werden wie die Wildform. Da in der Regel bei den Hobbyformen selten Männchen auftreten, kann man die Wildform und die rote Variante vergesellschaften, allerdings können die Zysten dann nicht mehr unterschieden werden.

T. longicaudatus (rot) sind eine albinotische Form von rosa bis kräftig rot

T. longicaudatus mit leichtem Schilddefekt, sodass der Brutbeutel gut erkennbar ist

Triops longicaudatus 'Black Beauty', 'Multicolor' und andere Varianten

Herkunft	**Nord- und Südamerika**
Größe	**5 – 9 cm**
Temperatur	**21 – 27 °C**
Lebenserwartung	**2 bis 3 Monate**

Diese Zuchtform hat einen grünlichen schmalen Panzer mit markantem Höcker. Die Beine sind rot und die Schwanzgabel ist schwarz gefärbt. Optisch wirkt diese Art wie eine Kreuzung aus *T. longicaudatus* und *T. newberryi*. Obwohl sie als 'Black Beauty' im Handel angeboten wird, scheint es keine Tiere mit schwarzem Panzer zu geben.

Als weitere Zuchtformen oder Varianten von *T. longicaudatus* gibt es z. B. Multicolor (Foto siehe S. 25), Braun, Camouflage, Hellgrün und Giganten. Inwieweit es Standort- oder Farbvarianten sind oder ob es nur verkaufsfördernde Namen oder überhaupt *T. longicaudatus* sind, vermag ich nicht zu sagen.

Sowohl Black Beauty als auch die anderen Varianten sind wie die Stammform zu halten und zeigen abhängig von Haltung, Alter und Futter eine Zeichnung, die mehr oder weniger der bevorzugten bzw. angebotenen entspricht.

Eine dunkel gemusterte Zuchtform mit vielen längeren Dornen auf dem Schwanz

Koreanischer Schildkrebs, *Triops longicaudatus* (Korea)

Herkunft	Südkorea
Größe	max. 9 cm
Temperatur	24 – 28 °C
Lebenserwartung	2 bis 3 Monate

T. longicaudatus aus Südkorea ist eine schlanke und stark marmorierte Form von *T. longicaudatus*

Dieser *Triops longicaudatus* ist mit seiner grau-schwarzen Marmorierung eine echte Rarität. Inwieweit es sich sicher um eine Form von *T. longicaudatus* handelt oder eine eigenständige Art ist, bleibt erstmal offen.

Die Art ist nicht einfach in Haltung und Zucht, weshalb sie nur sehr selten angeboten wird und die Zucht bisher selten gelang, also eine Art für Spezialisten oder diejenigen, die es werden wollen. Der Schlupf ist nicht so gut, und häufig werden die Tiere nicht geschlechtsreif bzw. alt. Woran das konkret liegt, vermag ich noch nicht zu sagen. Grundsätzlich ist die Haltung gleich zu *T. longicaudatus*.

Hawaiianischer Schildkrebs, *Triops cf. longicaudatus* 'Hawaii'

Herkunft	**Hawaii, Insel O'ahu**
Größe	**3 – 5 cm**
Temperatur	**21 – 27 °C**
Lebenserwartung	**6 Wochen bis 3 Monate**

Der Hawaiianische Schildkrebs stammt aus dem Norden der Insel O'ahu, der drittgrößten Insel Hawaiis mit der Hauptstadt Honolulu. Diese Form ist mit bis zu fünf Zentimetern recht klein bleibend und hat anfangs eine helle olivgrüne Marmorierung. Im Alter verschwindet die Marmorierung und die Farben werden intensiver. Die Art wächst sehr schnell und kann nach nicht einmal zwei Wochen (etwa zwei Zentimeter groß) schon geschlechtsreif sein.

Der Hawaiianische Schildkrebs ist klein, friedlich und schnellwüchsig

Nach meiner Erfahrung legt sie eine ordentliche Zystendichte in das Bodensubstrat. Sie ist kein großer Schwimmer, buddelt gerne und viel und ist dazu ein sehr ruhiger Zeitgenosse, der keine Aggressionen gegenüber anderen Bewohnern aufweist.

Ein absolutes Muss im Becken sollten Pflanzen wie Wasserpest oder Hornkraut sein. Die Krebse nagen sie in kurzer Zeit komplett auf, ebenso auch Wasserlinsen. Die Nauplien und kleinen *Triops* sind in den ersten beiden Wochen sehr empfindlich. In dieser Zeit am besten nicht umsiedeln. Aufgrund der Größe und Friedlichkeit ist diese Art sogar für die Gruppenhaltung in kleinen Becken von 2,5 Litern sehr gut geeignet.

Newberry Schildkrebs, *Triops newberryi*

Herkunft	**USA, Kalifornien über Oregon bis nach Washington**
Größe	**max. 5 cm**
Temperatur	**26 – 30 °C, bei kühlerer Haltung langsameres Wachstum**
Lebenserwartung	**maximal 3 Monate**

Bei *Triops newberryi* handelt es sich um eine wärmeliebende Art. Das Wachstum dieser Tiere ist trotz der hohen Temperaturen eher langsam, wohingegen die Lebenserwartung mit weniger als drei Monaten etwas kürzer als bei den meisten anderen *Triops*-Arten ist. Optisch ähneln sie den in Nordamerika weit verbreiteten *T. longicaudatus*, allerdings lassen sie sich genetisch eindeutig unterscheiden. In ihrer Färbung dominiert dunkles Grünoliv, die Marmorierung ist nur dezent ausgeprägt. Charakteristisch für diese Art ist ein ausgeprägter Höcker sowie eine deutliche Buckelbildung in der Ruhestellung.

Auf eine Heizung sollte nicht verzichtet werden, um gleichmäßig hohe Temperaturen zu gewährleisten. Auch wenn die Krebse nicht so schnell wachsen, bewirkt die hohe Temperatur doch einen entsprechenden Stoffwechsel. Eine Filterung mit Oberflächenbewegung ist für größere Tiere angebracht, da warmes Wasser weniger Sauerstoff enthält. Auch regelmäßige Wasserwechsel sollten gemacht werden, wenn man viele Tiere hat und viel füttert.

Männchen kommen wohl nicht vor. Auf eine zu hohe Besatzdichte reagieren die Tiere stressempfindlich, daher sollten nicht mehr als etwa zehn Tiere auf 60 Litern gepflegt werden.

Grüner Australischer Schildkrebs, *Triops australiensis* Ayers Rock (grün)

Herkunft	Outback Australiens, Nähe Ayers Rock
Größe	max. 9 cm
Temperatur	25 – 30 °C, optimal um 27 °C
Lebenserwartung	bis zu 3 Monate

Ihre Zeichnung mit dem dunklen Fleck auf dem Schild und die im Alter intensiv dunkel grüne Färbung machen *Triops australiensis* Ayers Rock (grün) so besonders. Die intensiv grüne Färbung erreichen sie erst im Alter. Die ersten Wochen sind sie noch recht blass. Da sie aus dem Outback Australiens stammen, können sie etwas wärmer als die meisten anderen *Triops* gehalten werden.

Es wird berichtet, dass zwar der Schlupf noch in kühlerem Wasser erfolgt, aber mit zunehmender jahreszeitlicher Erwärmung steigt dann auch die Wassertemperatur. Die Krebse haben sich bei mir als recht friedlich herausgestellt.

Besonders im Alter wird *T. australiensis* kräftig grün

T. australiensis bewegen sich auch im freien Wasser, nicht nur auf dem Boden, und sind gern aktiv

Sie mögen keine zu starke Beleuchtung. Die Pflege ist für Anfänger gut geeignet. Die ‚Zutraulichkeit' dieser *Triops* geht so weit, dass sogar die Hand des Pflegers beim Hantieren im Becken von den Krebsen nach Futter abgesucht wird.

Queensland Schildkrebs, *Triops australiensis* 'Queensland'

Herkunft	**Australien (Queensland), hauptsächlich Neukaledonien**
Größe	**max. 7 cm**
Temperatur	**26 – 32 °C**
Lebenserwartung	**6 Wochen bis max. 3 Monate**

Der Queensland Schildkrebs mit gleichmäßiger Färbung ähnelt sehr *Triops longicaudatus*, wird allerdings nicht ganz so groß. Es ist eine friedliche Art, die auch untereinander keine Probleme macht, sodass größere Gruppen möglich sind. Inwieweit *T. australiensis* grundsätzlich mehrere Arten darstellt, wäre noch zu klären.

Sie mögen es warm, somit ist eine Heizung notwendig. Ansonsten ist das Becken einzurichten wie bei anderen Arten auch. Bei warmen Temperaturen und schnellem Wachstum muss eine ausreichende Fütterung gewährleistet werden. Allerdings darf man auch nicht zu viel füttern, weil das Futter schnell verdirbt und der wenige Sauerstoff im warmen Wasser dann noch mehr abnimmt.

T. australiensis 'Queensland' ähnelt *T. longicaudatus*, hat aber kräftigere Stacheln am Schildrand

Gonochorischer Schildkrebs, *Triops* sp. 'Gonochoric'

Herkunft	unbekannt
Größe	max. 9 cm
Temperatur	21 – 27 °C
Lebenserwartung	2 bis 3 Monate

Mit seinem langen Schwanz erinnert *Triops* sp. 'Gonochoric' an *T. granarius*, allerdings ist er länger und flacher und seine Färbung entwickelt sich eher ins Grüne und wird so optisch noch viel attraktiver. Die Art wächst sehr schnell und es sind agile Schwimmer. Wenn die Temperatur ausreichend hoch ist und sie gut im Futter stehen, können sie schon nach gut 14 Tagen anfangen, Eier zu legen. Gonochoric steht für zweigeschlechtlich, denn zur Vermehrung werden sowohl Weibchen als auch Männchen benötigt. Das Weibchen hat einen runderen Schild und wirkt etwas kompakter.

Im Handel taucht die Art teils als *T. longicaudatus* 'Gonochoric' auf. Dass die Art vom *T. longicaudatus* abstammt, kann jedoch aufgrund der Morphologie nicht stimmen. Eher passt die Ähnlichkeit zum *Triops* sp. 'Mongolei', von der er sich durch die stärkeren Dornen auf dem Schwanz unterscheidet.

Bei dieser Art spielt auch die Beleuchtung eine große Rolle. Sie brauchen zwingend eine Beleuchtung, die 12 Stunden am Tag brennen sollte, da sonst der Schlupf nicht gesichert ist. Wie bei allen gonochorischen Arten sollten die Tiere ausreichend Platz haben und dafür gesorgt werden, dass die Weibchen in der Überzahl sind, denn sexuell aktive Männchen können den Weibchen gegenüber recht aufdringlich werden.

T. sp. 'Gonochoric'-Männchen sind länger als die Weibchen. Beide Geschlechter haben Stacheln auf dem Schwanz

Bei diesem Weibchen sind die gut gefüllten Eisäcke und der gelbe Schildrand zu sehen

Mongolischer Schildkrebs, *Triops* sp. 'Mongolei'

Herkunft	**Mongolei**
Größe	**max. 11 cm plus Schwanzgabel**
Temperatur	**22 – 27 °C, optimal 26 °C**
Lebenserwartung	**bis zu 4 Monaten**

Die mongolischen *Triops* zeichnen sich durch ihren langen, recht stachellosen Hinterleib aus. Die Weibchen sind kleiner und kompakter als die Männchen. Diese Art ist sehr schwimmfreudig und Männchen können den Weibchen gegenüber sehr aggressiv werden und sie töten, daher gegebenenfalls separieren. Weibchen legen nach meiner Erfahrung kleine Eipakete auf dem Bodengrund ab und buddeln sie nicht wie andere *Triops* im Sand ein. In der Literatur findet man für das Herkunftsgebiet *T. numidicus* beschrieben, die wir eigentlich anders gefärbt aus Afrika kennen.

Diese *Triops* benötigen ein Becken ab fünf Liter Volumen. Für mehrere Tiere beiderlei Geschlechts bieten sich Aquarien ab 20 Litern an. Viele Pflanzen helfen, dass sich die Weibchen vor den Nachstellungen der Männchen etwas zurückziehen können.

Männchen sehen aus, als hätten sie sich die Schnauze an der Scheibe gestoßen

Männchen (rechts) sind länger und farbenprächtiger als die Weibchen

Muschelschaler

Muschelschaler sind im Hobby eine eher verkannte Gruppe. Zu finden sind sie u.a. in Tümpeln und Pfützen, die nur wenige Wochen Wasser haben. Namensgebend ist ihr zweiklappiger Rückenschild, der an Muschelschalen erinnert. Er besitzt charakteristische Zuwachsstreifen, durch die sich die Muschelschaler von Muschelkrebsen unterscheiden. Sie entstehen dadurch, dass bei jeder Häutung die Außenwand des alten Carapax nicht abgeworfen wird, sondern auf der nächstfolgenden größeren liegen bleibt.

Ich mag die kleinen Schalentiere mit ihrem unbeholfenen Schwimmverhalten. Sie erinnern ein wenig an Wasserflöhe mit Faltdach. Im Hobby sind nur wenige Arten verbreitet, da ihre Haltung und Zucht nicht ganz einfach ist. Mit 3 bis etwa 20 Millimetern sind sie relativ klein bleibend und benötigen daher auch sehr feines Futter. Die Zysten sind deutlich kleiner als bei *Triops* und meist noch winziger als die von Feenkrebsen. Da sie ihre Eier einfach auf den Boden fallen lassen, muss man beim Wasserwechsel oder Abgießen des Wassers, wenn alle Alttiere verstorben sind, aufpassen, die Zysten nicht mit dem Bade auszuschütten.

Darüber hinaus vertragen die Zysten einiger Arten wohl keine Trockenheit, sodass sie leicht feucht gelagert werden müssen. Frisch geschlüpfte Muschelschaler-Nauplien sind extrem klein und mit bloßem Auge kaum zu sehen, wenn sie im Freiwasser schwimmen. Aber auch sie können meist sehr schnell wachsen und bereits mit zwei Wochen geschlechtsreif sein. Einige Arten sind beidgeschlechtlich, bei anderen treten fast nie Männchen auf. Männchen besitzen an den vorderen Schwimmbeinen Haken, um die Weibchen quer vor ihrer Schildöffnung festzuhalten.

Für die Aquaristik sind Arten geeignet, die bei 20 °C bis 30 °C leben. Muschelschaler werden in der Regel bis zu zwölf Wochen alt. Sie ernähren sich in der Natur vor allem von Plankton und aufgewühltem Sediment. Gefüttert wird daher abwechslungsreich mit feinem Staubfutter. Große Futterbrocken können die Muschelschaler nicht verwerten.

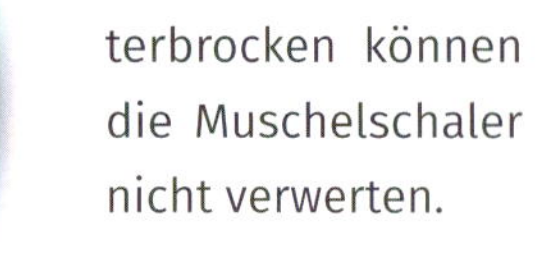

Eoleptestheria ticinensis, Männchen

Eocyzicus davidi, Männchen

Mongolischer Muschelschaler, *Eocyzicus davidi*

Herkunft	**Mongolei**
Größe	**10 – 20 mm**
Temperatur	**22 – 27 °C, optimal 26 °C**
Lebenserwartung	**2 bis 4 Monate. Je wärmer das Wasser und proteinreicher die Nahrung, umso schneller sterben sie**

Mongolische Muschelschaler sind sehr aktive Schwimmer und immer unterwegs. Sie können bis zu 20 Millimeter Größe erreichen. Die Nauplien sind sehr klein, weshalb sie die ersten zwei Wochen kaum zu sehen sind. Erst mit etwa sechs Wochen sind sie ausgewachsen und verändern dabei ihre Farbe – teils bis zu einem kräftigen Rosa. Die Art ist beidgeschlechtlich. Die Weibchen können sehr produktiv sein.

Für kleine Ansätze reicht bereits ein Becken ab 2,5 Litern. Es wird beim Start gleich mit Wasser gefüllt. Da die mongolischen Muschelschaler zwar friedlich sind, jedoch recht groß werden, bieten sich eher Becken ab fünf Litern an. Weil die Muschelschaler recht viel Mulm aufwirbeln, kann bei erwachsenen Tieren mit einem feinen Schwammfilter gefiltert werden. Aber immer daran denken, dass sie noch feines Futter finden sollten.

Männchen von *E. davidi* können bis zu zwei Zentimeter groß werden

Schwarzer Muschelschaler, *Cyzicus* sp.

Herkunft	**Asien, z. B. Thailand**
Größe	**bis 8 mm**
Temperatur	**20 – 30 °C**
Lebenserwartung	**2 bis 4 Monate. Je wärmer das Wasser und proteinreicher die Nahrung, umso schneller sterben sie**

Schwarze Muschelschaler haben einen eher rötlichen Köper und dunkle, fast schwarze Schalen. Sie leben im Uferbereich von Seen und Teichen, die in der Trockenzeit vollständig austrocknen. Sie ernähren sich vor allem von Plankton und aufgewühltem Sediment. Ihre Dauereier müssen austrocknen, um daraus neue Muschelschaler züchten zu können, wie wir es auch von *Triops* kennen.

Da die Eier extrem klein sind, kann man sie im Substrat nicht erkennen. Manchmal steckt bei ihnen der Wurm drin, so ist meine Erfahrung. Teils passiert beim Ansetzen gar nichts, ein anderes Mal schlüpfen sehr viele, und das aus der gleichen Charge. Sehr mysteriös, aber das macht Urzeitkrebse auch so spannend.

Es reicht eine Beckengröße von 2,5 Litern. Die Nauplien sind sehr klein, weshalb sie die ersten zwei Wochen kaum zu sehen sind. Manchmal sind plötzlich große Tiere da, die man vorher übersehen hat. Einige Pflanzen wie Wasserpest sind eine sinnvolle Ergänzung.

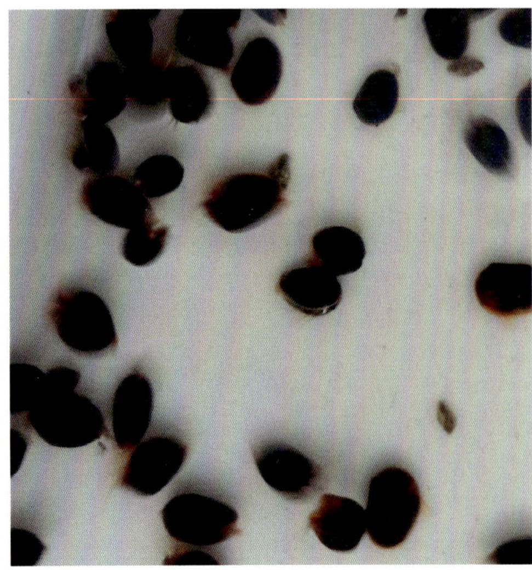

Obwohl sie „Schwarze Muschelschaler" heißen, können sie schwarze Schilde und einen orangefarbenen Körper haben

Schwarze Muschelschaler sind dunkelbraun bis schwarz. Wie alle Muschelschaler können sie sich stark vermehren

Koreanischer Muschelschaler, *Eulimnadia braueriana*

Herkunft	**Korea**
Größe	**bis 8 mm**
Temperatur	**20 – 27 °C**
Lebenserwartung	**2 bis 4 Monate. Je wärmer das Wasser und proteinreicher die Nahrung, umso schneller sterben sie**

Diese weniger als einen Zentimeter groß werdende Art besticht durch ihre Farblosigkeit. Die Muschelschilde sind transparent und der Körper und die Eier im Nacken der Weibchen leuchten weißlich. Grundsätzlich sind die Tiere parthenogenetisch, wobei teils auch Männchen auftreten. Diese unterscheiden sich durch einen geraden Rücken und tragen keine Eier.

Da die Art recht klein bleibt, dürften auch Becken von nur 2,5 Liter Wasservolumen ausreichend sein. Bei mir zeigte sich die Art leider nicht sehr stabil. Es sollte Wert gelegt werden auf gute Wasserwerte ohne zu viel Nitrit oder Nitrat. Feiner Sandboden und eher grobe Pflanzen bzw. Mooskugeln sind in Ordnung. Starke Fadenalgenbildung mögen sie – wie auch andere Muschelschaler – nicht. Wer sich mit Muschelschalern beschäftigt, findet in dieser Art eine Herausforderung. Trotz ihrer Unscheinbarkeit ist eine größere Gruppe der Tiere spannend zu beobachten. Wenn's klappt, ist auch die Zucht gut möglich und kann produktiv sein. Die Zysten werden getrocknet und können nach etwa 2 Wochen wieder neu angesetzt werden.

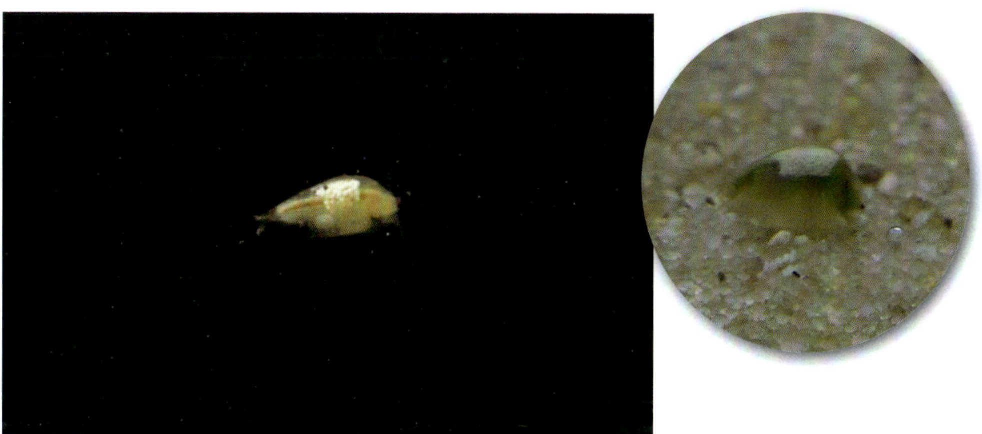

Koreanische Muschelschaler bleiben recht klein, die Weibchen tragen schneeweiße Eier im Nacken

Linsenkrebs, *Limnadia lenticularis*

Herkunft	**Deutschland, Österreich**
Größe	**bis 15 mm**
Temperatur	**17 – 27 °C**
Lebenserwartung	**2 bis 4 Monate. Je wärmer das Wasser und proteinreicher die Nahrung, umso schneller sterben sie**

Linsenkrebse sind klein und unscheinbar, dieses Weibchen trägt Eier

Der Linsenkrebs bewohnt vor allem temporäre, offene Kleingewässer wie Tümpel und Überschwemmungsflächen in Flussauen. Ein Stamm ist bekannt aus Fischaufzuchtteichen in Königswartha (Sachsen), die in passendem Rhythmus zum Abfischen trockengelegt werden. Hier kommen sie zusammen mit *T. cancriformis* vor, sonst ist die Art nur sehr selten zu finden. Es ist eine Sommerform (etwa April bis Oktober) und erst bei höheren Temperaturen zu finden. Die Fortpflanzung erfolgt weitgehend parthenogenetisch. Es wurden gelegentlich Männchen gefunden, sodass es auch eine geschlechtliche Fortpflanzung gibt.

Der Muschelschild ist nahezu transparent. Abhängig von den Bedingungen ist der Körper selbst grün-braun und die Eier sind eher cremefarben, sodass sie im natürlichen Habitat sehr schwer zu sehen sind. Sie können bereits nach zwei Wochen geschlechtsreif sein und Eier/Zysten abgeben.

Es empfiehlt sich ein kleines Becken von etwa sechs Liter Volumen. Bei guten Wasserwerten ist eine Haltung bei Zimmertemperatur möglich. Feiner Bodengrund sollte angeboten werden. Auf jeden Fall ist darauf zu achten, dass sich keine Fadenalgen bilden, da sich die Muschelschaler erfahrungsgemäß darin verfangen.

Tessin-Muschelschaler, *Eoleptestheria ticinensis*

Herkunft	**Nordchina, Kleinasien, Mittel- und Südeuropa**
Größe	**bis 20 mm**
Temperatur	**18 – 27 °C**
Lebenserwartung	**2 bis 4 Monate. Je wärmer das Wasser und proteinreicher die Nahrung, umso schneller sterben sie**

Die dunkelbraun-lila gefärbten Tiere werden sogar bei der Haltung in kleinen Becken bis zwei Zentimeter groß und sind sehr lebhaft unterwegs. Die Art ist beidgeschlechtlich. Die Weibchen tragen die orangegelben Eier großflächig im Nacken, die Männchen sehen aus, als hätten sie keinen Buckel, sondern einen geraden Rücken, da ihnen der Eifleck fehlt.

Die Art bevorzugt eher wärmere Temperaturen über den Sommer und schlammige Gewässer.

Aufgrund ihrer Größe empfiehlt sich die Haltung in Becken ab sechs Liter Volumen mit einem sehr feinen Bodengrund. Verwendet man Lehm, dann fühlen sich die Tiere zwar wohl, aber man sieht relativ wenig. Wenn auf gute Wasserwerte mit regelmäßigem Wasserwechsel geachtet wird, können sie auch vier Monate alt werden. Ein paar Pflanzen sind als Einrichtung gut geeignet. Ein Filter darf nur langsam laufen.

Erwachsene Weibchen können einige Hundert Eier im Nacken tragen

Weibchen können bereits ab fünf Millimeter Größe Eier produzieren, ihre Schilde sind dann noch nicht so dunkel

Beim Männchen kann man gut die Greifhaken erkennen, mit denen sie die Weibchen bei der Begattung festhalten

Sonderlinge

In diesem Kapitel behandele ich ein paar spezielle Arten, die besondere Ansprüche stellen oder aufgrund ihres Schutzes bekannt sein sollten.

Diese Urzeitkrebse stehen bei uns in Deutschland (Stand 2022) unter Bundesartenschutz: Sommer-Feenkrebs (*Branchipus schaefferi*), Teich-Feenkrebs (*Chirocephalus diaphanus*), Steppen-Muschelschaler (*Leptestheria dahalacensis*), Dickbauchkrebs (*Lynceus brachyurus*), Eichener Kiemenfuß (*Tanymastix stagnalis*). Darüber hinaus sind viele Vorkommensgebiete anderer Arten wie *Triops cancriformis* (als Art nicht unter Schutz) Naturschutzgebiete. Es ist leider aktuell nicht definiert, was der Schutzstatus für die Tiere bedeutet. Sie dürfen wohl mit Sicherheit der Natur nicht entnommen und nicht gehandelt werden. Darüber hinaus gelten in den deutschen Bundesländern unterschiedliche Gesetze für die Entnahme von Fischnährtieren (Mückenlarven, Wasserflöhe etc.) sowie natürlich Eigentumsrechte bezüglich der Biotope. In anderen Ländern gelten andere Gesetze. Außerdem kann es sein, dass die Art in einem Land unter besonderem Schutz steht, weil sie dort kurz vor dem Aussterben ist, im anderen als Schädling für die Landwirtschaft gilt.

Cyzicus cf. *tetracerus*

Chirocephalus diaphanus steht in Deutschland unter Schutz und ist deshalb keine Art fürs Hobby

Sommer-Feenkrebs, *Branchipus schaefferi*

Herkunft	**Östliches Deutschland, Österreich u.a.**
Größe	**bis 30 mm**
Temperatur	**ca. 15 – 28 °C**
Lebenserwartung	**bis 3 Monate (meist deutlich kürzer)**

Die Köperfärbung dieses etwa 30 Millimeter groß werdenden Feenkrebses ist eher cremefarben blass. Auffällig ist der herzförmige, gelb-blau wie ein Opal leuchtende Brutsack der Weibchen mit meist unter 50 Eiern. Scheint die Sonne, glitzern sie einem entgegen. Vermutlich sind sie so auffällig, um von Wasservögeln gefressen zu werden, damit diese dann die Zysten in andere Biotope verbreiten. *B. schaefferi* ist eine Sommerform, die ab etwa Mai bis in den späten Herbst hinein in temporären Gewässern nachweisbar ist. Dort muss das Wasser nach starken Regenfällen mindestens zwei Wochen stehen, damit die Feenkrebse wachsen, Eier abgeben und sich Zysten entwickeln können. Somit sind grundsätzlich Mulden bei lehmigem Boden geeignet. Bekannte natürliche Vorkommen sind daher meist (ehemalige) Truppenübungsplätze, wo durch die Kettenfahrzeuge Mulden herausgefahren, Pflanzen entfernt und der Boden verfestigt wurde. Pflegemaßnahmen für diese Habitate wären somit intensive Bewegungen mit Kettenfahrzeugen. Inwieweit Panzer früher auch zur Verbreitung von einem Übungsplatz zum nächsten beigetragen haben, lässt sich nicht sicher sagen. Ich selbst kenne die Art aus der Döberitzer Heide (Brandenburg) und der Colbitzer Heide (Sachsen-Anhalt). Sie kommen dort zusammen mit *Triops cancriformis* vor. Die *Triops* wühlen den Boden auf und sorgen so für Feenkrebsnahrung im Freiwasser. Feenkrebse werden dafür gelegentlich von den *Triops* gefressen.

B. schaefferi können sehr groß werden, die Weibchen (unten) haben einen auffälligen Brutsack

Aufgrund des Schutzstatus gibt es diese Art nicht im Handel. Wer sie allerdings in der Natur findet, meldet den Standort gerne der Arbeitsgemeinschaft Urzeitkrebse.

Frühjahrs-Feenkrebs, *Eubranchipus grubii*

Herkunft	**Frankreich, Niederlande, Dänemark, Schweden, Deutschland, Polen, Ukraine, Russland, Tschechien, Slowakei, Ungarn, Österreich, Schweiz**
Größe	**bis 35 mm**
Temperatur	**2 – 20 °C (auch unter Eis), Schlupf unter 10 °C**
Lebenserwartung	**bis 4 Monate (temperaturabhängig)**

E.-grubii-Männchen (links) sind variabel gefärbt, Weibchen sind am Brutsack und den kleineren Zangen erkennbar

Ihre Habitate liegen oft in Mischwäldern und temporären Tümpeln mit Laub

Der Frühjahrs-Feenkrebs, auch Frühjahrskiemenfuß genannt, ist aufgrund seiner Größe von bis zu 35 Millimetern und seiner häufig intensiven orange bis rötlich-braunen Färbung mit grünlichen bis blauen Stellen und seinen gestielten Augen eine prächtige Erscheinung. Die Männchen sind einfach an ihren deutlich größeren Kieferwerkzeugen und die Weibchen an den Brutsäcken erkennbar. Die Art bewohnt vorwiegend temporäre Kleingewässer wie Flutmulden und Überschwemmungs- oder Auwaldtümpel in Flussauen des Tieflands. Auch wassergefüllte Senken und Gräben vor allem in Laub- und Mischwäldern zählen zu ihrem Lebensraum, selten findet man sie in offenen Wiesentümpeln.

Sie können bereits zwei Wochen nach dem Schlupf geschlechtsreif sein. Da die Art sehr temperaturempfindlich ist, kann eine erfolgreiche Haltung nur draußen im Winter oder zeitigen Frühjahr erfolgen. Der Schlupf erfolgt bei unter 10 °C. Die Art kommt aus weichen, in der Regel sauren Temporärgewässern. Da diese klaren Gewässer nur wenig frei treibendes Plankton haben, nehmen sie vermutlich auch Mikroorganismen vom Substrat auf. Erfahrungen zeigen, dass komplett durchgetrocknete Zysten kaum noch schlupffähig sind. Vermutlich bleiben die Zysten im Waldboden noch leicht feucht, was bei der Heimhaltung beachtet werden muss.

Diese Art steht aktuell nicht unter Schutz, wie beschrieben sind aber Haltung und Zucht sehr schwierig.

Raub-Feenkrebs, *Branchinecta ferox*

Herkunft	**Österreich, Ungarn (Hauptverbreitung Ungarn und südöstlicher)**
Größe	**6 – 7 cm, im Extremfall wohl bis 13 cm**
Temperatur	**Schlupf bis 6 °C, adult bis etwa 20 °C**
Lebenserwartung	**bis 4 Monate**

Der Raub-Feenkrebs fällt durch seine Größe von bis zu sieben Zentimetern sowie eine ungewöhnliche gekrümmte Schwimmweise auf. Erwachsene Tiere ernähren sich vorzugsweise räuberisch und fressen andere Feenkrebsarten, Wasserflöhe, Mückenlarven etc., aber auch Plankton vom Substrat, falls es mal kein Lebendfutter gibt. Nauplien fressen wie andere Feenkrebse feinste Futterpartikel aus Zoo- und Phytoplankton. Die Nauplien schlüpfen in weichem Regenwasser, während die erwachsenen Tiere auch gut mit härterem oder sogar leicht salzigem Wasser zurechtkommen. In den temporären Gewässern, in denen sie vorkommen, lösen sich nach den Winter-und Frühlingsniederschlägen Mineralien, sodass die Gewässer aufhärten.

Auch wenn *B. ferox* zwingend bei Temperaturen von 3 bis 6 °C angesetzt werden müssen, so verkraften sie vielfach im Kübel im Garten auch Temperaturen bis 20 °C und im Zimmer um 22 °C. Das Substrat muss einmal durchgefroren sein, bevor Nauplien aus den Zysten schlüpfen können. Es schlüpfen im ersten Jahr teils recht wenige Nauplien, nach dem erneuten Durchtrocknen dann im nächsten Jahr mehr bzw. weitere. Das zeigt die Anpassung an ihren Lebensraum. Daher nicht aufgeben, falls es im ersten Jahr nicht klappt. Den Ansatz trocknen, einfrieren und im nächsten Jahr noch einmal probieren. Der Schlupf kann sich über Wochen hinziehen.

Spätestens im Juni ist es meist zu warm und die erwachsenen Tiere sterben. Stellt man Maurerkübel schattig auf und beschattet bei starker Lichteinstrahlung ab Frühsommer, dann leben die Tiere etwas länger. Aber bei konstant über 20 °C ist meist Schluss.

Bodengrund ist nicht notwendig. Etwas Sand oder Lehmboden evtl. gemischt mit etwas Walderde kommt dem Wohlbefinden und der Entwicklung der Futterorganismen zugute.

Die Art gilt in Österreich als vom Aussterben bedroht, Naturentnahmen sind daher zu vermeiden. Im Handel findet man Nachzuchten von wissenschaftlichen Aufsammlungen. Wegen der Temperaturanforderungen ist es eher ein Sonderling.

B. ferox-Weibchen produzieren Hunderte von Eiern

Französischer Frühjahrs-Schildkrebs, *Lepidurus apus lubbocki*

Herkunft	Frankreich
Größe	6 – 9 cm
Temperatur	Schlupf bis 10 °C, adult bis 25 °C
Lebenserwartung	3 bis 5 Monate, je nach Temperatur

Der Frühjahrs-Schildkrebs ist eine auffallend gemusterte Art mit quasi militärischem Tarnmuster und auch der Rückenschild ist deutlich gewölbter als bei *Triops*-Arten. Auffällig ist das lange Telson (Schwanzfächer), das bei *Triops* kaum erkennbar ist.

Es schlüpfen sowohl Männchen als auch Weibchen. Die Männchen sind etwas schlanker und werden erfahrungsgemäß nicht so groß wie die Weibchen. Die Nominatform *L. apus*, die in Deutschland vorkommt, lässt sich kaum unterscheiden, ist allerdings nicht ganz so wärmetolerant wie ihr französischer Verwandter.

Auch wenn die Tiere bei Temperaturen von 5 bis 10 °C Grad angesetzt werden müssen, so verkraften sie vielfach im Gartenkübel auch Temperaturen bis 30 °C und im Zimmer um 25 °C. Damit sind sie auch für die kühle Haltung im Haus geeignet.

Der französische Frühjahrs-Schildkrebs hat ein stark gewölbtes Rückenschild. Häufig sind die Männchen kleiner als die rundlichen Weibchen

Der Ansatz erfolgt am besten ab Februar draußen z.B. in einem Maurerkübel oder Eimer. Die Temperatur beim Ansatz sollte etwa zwischen 8 und 11 °C liegen. Die Eier brauchen keine Frosttage zum Schlupf. Die Schlupfzeit beträgt etwa ein bis vier Wochen. Zwei Wochen nach dem Schlupf können sie auch bei wärmeren Temperaturen gehalten werden.

Nauplien fressen feinste Futterpartikel aus Zoo- und Phytoplankton. Ältere Tiere nehmen auch gern größeres, tierisches Futter wie Mückenlarven und Glanzwürmer, die Wachstum und Lebenserwartung fördern.

Als Bodengrund empfiehlt sich im Kübel draußen Lehm gemischt mit etwas Walderde, wodurch die Behälter zwar meist trüb sind, da die Tiere viel buddeln, aber dies dem Wohlbefinden zugutekommt. Eine maximal zwei Zentimeter dicke Sandschicht ist jedoch auch in Ordnung, wenn ein wenig organisches Material wie Waldboden oder Laub beigegeben wird.

L. apus lubbocki ist nicht geschützt, aber aufgrund der Temperaturansprüche nur etwas für Urzeitkrebsfreunde, die die niedrigen Temperaturen bieten können.

Lila Muschelschaler, *Cyzicus* cf. *tetracerus*

Herkunft	**Apulien (Italien), Stammform: eurasisch verbreitet (im asiatischen Russland)**
Größe	**bis 10 mm**
Temperatur	**5 – 27 °C**
Lebenserwartung	**mindestens 3 Monate**

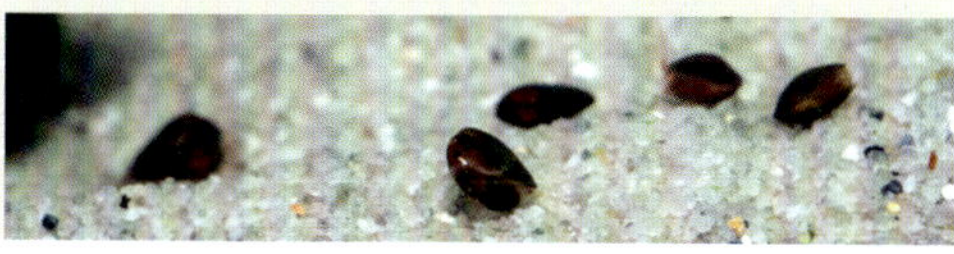

C. cf. *tetracerus* bleiben unter zehn Millimeter groß

Dieser kleine und langlebige Muschelschaler zeigt bei dem beschriebenen Stamm fast schwarze Muschelschilde und einen lila Körper, wenn die Art in trübem, lehmigem Wasser lebt. Ansonsten sind die Tiere recht unscheinbar gefärbt, je klarer das Wasser, umso mehr verlieren sie die Farbe. Bezüglich der Temperatur ist die Art sehr tolerant. So habe ich die Erfahrung gemacht, dass sie sich sowohl im Hochsommer als auch im Winter in einem Maurerkübel im Garten wohlfühlen.

Auch wenn die Art recht klein ist, scheint sie doch jahreszeitliche Schwankungen zu bevorzugen und besser in einem Kübel mit Lehmboden im Garten mit Regenwasser haltbar zu sein. Man sieht sie dann zwar nur sehr selten mal oben am Rand, aber kann sich dennoch an ihnen erfreuen. Direkte Sonneneinstrahlung ist erfahrungsgemäß kein Problem.

In Österreich gilt die Art wegen des Verlustes der Biotope als vom Aussterben bedroht, woanders sind sie möglicherweise noch anzutreffen. Sonderlinge sind sie durch die Ansprüche an niedrige Temperaturen und lehmige Böden.

Einrichtung, Pflege, Gesellschaft

Auch wenn die meisten Urzeitkrebse aus temporären und bei Betrachtung ‚unsauberen' Gewässern kommen, so sind die Wasserwerte insbesondere zum Schlupf doch recht ähnlich und die Bedingungen vergleichbar. Wesentliche Aspekte sind generell Wasser, Licht und Futter. Der Bodengrund spielt ebenfalls eine große Rolle (besonders bei den Rückenschalern), da er wichtige biologische und chemische Funktionen übernimmt.

Die Zysten können bei passender Lagerung über viele Jahre wieder zum Leben erweckt werden, allerdings wird die Schlupfrate mit der Zeit schlechter. Meist ziehen sie Feuchtigkeit aus der Luft an und sind dann irgendwann nicht mehr gut. Insbesondere *Artemia*-Zysten, aber auch die meisten *Triops*- und Feenkrebs-Zysten lassen sich jedoch sehr gut im Gefrierschrank lagern und die Schlupfqualität so deutlich verlängern.

Aber auch wenn alle Aspekte genau beachtet werden, so ist das keine Garantie, dass es sofort oder jedes Mal klappt. Es scheint so, dass Wetter, Luftdruck und weitere Rahmenbedingungen, die wir nicht beeinflussen können, ebenfalls für den Erfolg wichtig sind.

Zuchtregal für Urzeitkrebse, Ansatzdatum und Art werden notiert

Also bei Fehlschlägen oder zu geringer Schlupfquote nicht aufgeben, sondern den Ansatz noch einmal zwei Wochen durchtrocknen lassen und erneut starten.

Notwendiges Zubehör:

- Aquarium von etwa 2,5 bis 6 Liter Volumen
- Wasser (s. unten)
- Beleuchtung (s. S. 76)
- Bodengrund (s. S. 77)

Hilfreich, aber nicht unbedingt notwendig:

- Heizung für wärmeliebende Arten
- Langsam laufender Filter für erwachsene Urzeitkrebse
- Aquarium mit 12 bis 54 Liter Volumen, um eine größere Anzahl erwachsener Urzeitkrebse zu halten
- Wasserpflanzen (s. S. 82)
- Schnecken (s. S. 89)

Wasser

Wasser ist ein viel diskutiertes Thema bei der Haltung und Zucht von Süßwasser-Urzeitkrebsen. Es gibt nur eine grundsätzliche Regel: Das Wasser soll weich und mineralarm sein mit einem pH-Wert um 7.

Leitungswasser ist oft für die Zucht von Süßwasser-Urzeitkrebsen völlig ungeeignet, weil es zu hart ist oder chemisch aufbereitet wurde. So werden teils Polyphosphate, Silikate oder auch Chlor zugesetzt, die in Studien zum Beispiel die Eientwicklung von Aquarienfischen signifikant behindert haben. Hier hilft nur selber ausprobieren. Sehr gut geeignet ist Regenwasser, das nicht durch Schadstoffe in der Stadt oder vom Dach verunreinigt ist. Alternativ kann ‚destilliertes' Wasser verwendet werden, das es günstig im Handel zu kaufen gibt. Bitte darauf achten, dass vermerkt ist ‚für Aquaristik geeignet'.

Auch ein Vollentsalzer kann das Ausgangswasser aufbereiten. Ob eine Umkehrosmoseanlage alles herausfiltert, was die Urzeitkrebse nicht vertragen, muss man gegebenenfalls selbst erproben.

Um die benötigte Menge an Mineralien in das Wasser zu bringen, kann man es mischen. Bewährt hat sich Volvic mit destilliertem Wasser im Verhältnis von etwa 1:3. Also 500 ml Volvic gemischt mit 1,5 Liter destillier-

Schwebealgen und Grünfärbung ist für die Tiere kein Problem. Wenn es stört, benutzt man bei *Triops* einen kleinen Filter und wechselt öfter Wasser

tem Wasser. Volvic hat etwa 10 mg Kalzium pro Liter (Ca/l). Bei anderen stillen Mineralwassern kann man sich an diesem Wert orientieren. Eine Garantie, dass es dann klappt, kann leider niemand übernehmen, denn weitere chemische Elemente im Wasser sind noch nicht ausreichend erforscht.

Hilfreich ist es, dem Wasser einen Esslöffel giftfreie Gartenerde (zum Beispiel aus einem Maulwurfshügel) oder Aktivboden speziell für Urzeitkrebse zuzugeben, dadurch gewinnt man einerseits Mineralien und andererseits Mikroorganismen, die als Futter für die Nauplien dienen, sowie auch Bakterien, die das Wasser filtern werden. Bakterien- und Filterstarter aus dem Handel sollten normalerweise auch funktionieren. Wenn man auf Leitungswasser verzichtet, wird kein Wasseraufbereiter benötigt, ansonsten muss auf Wirbellosentauglichkeit geachtet werden.

Meerwasser für *Artemia*

Für Salzwasser-Feenkrebse nimmt man pro Liter Wasser etwa 20 bis 30 g reines Meer- oder *Artemia*-Salz aus dem Handel. Dem Speisesalz als reines Natriumchlorid (NaCl) darf keine Rieselhilfe oder Jod zugesetzt sein, es ist für die dauerhafte Haltung meist nicht so gut geeignet, da Mineralstoffe und andere Salze fehlen. Dafür kann für *Artemia* normalerweise bedenkenlos Leitungswasser genommen werden, das das Wasser noch etwas aufhärtet und den pH-Wert stabilisiert. Bei weichem Ausgangswasser hilft dazu auch eine Messerspitze Natron (Natriumhydrogencarbonat, $NaHCO_3$).

Beleuchtung

Licht ist wichtig! Zum Schlupf benötigen die Zysten den Lichtreiz. Nach meiner Erfahrung sollte Licht mindestens zwölf Stunden leuchten, die ersten Tage gern auch länger. Die Beleuchtung wird über dem Becken angebracht, da sich die Nauplien daran orientieren und bei seitlichem Lichteinfall ständig gegen die Wand schwimmen würden. Für Süßwasser- und Salzwasser-Feenkrebse ist eine intensive Beleuchtung sinnvoll, da dadurch Schwebealgen besser wachsen, von denen sich die Tiere auch ernähren.

Für kleine Becken gibt es schon sehr gute 1 bis 2,5 Watt LED-Leuchten, es reicht aber

Urzeitkrebs-Becken werden gut beleuchtet und können gefiltert werden, wenn die Tiere mindestens einen Zentimeter groß sind

auch eine alte Schreibtischlampe. Das Becken im Winter einfach ins Nordfenster zu stellen reicht nicht aus, weil die Lichtintensität an trüben Tagen zu schwach ist und die Dauer zu kurz. Vielfach sind insbesondere im Sommer Süd- oder Westfenster auch nicht geeignet, da sich die Becken zu stark aufheizen oder sich schnell Algen bilden.

Kalte Fensterbänke oder Zugluft am Fenster können für die Urzeitkrebs-Nauplien tödlich sein.

Bodengrund

Die Einrichtung eines Urzeitkrebs-Beckens ist spärlicher als die anderer Aquarien, da Feenkrebse Platz zum Schwimmen brauchen, *Triops* ständig den Boden umgraben und es nur ein Habitat für zwei bis drei Monate ist.

Triops buddeln auf der Suche nach Futter und um ihre Eier in den Boden zu bringen, daher ist feiner Sand geeignet, in dem sie gut wühlen können. Eine einen Zentimeter dicke Schicht ist ausreichend, um später Sand mit einer hohen Zystenkonzentration zu ‚ernten'. Feenkrebse und Muschelschaler lassen ihre Eier einfach fallen, ihnen ist der Bodengrund eher gleichgültig.

Wurzeln, Laub, Steine

Holzwurzeln aus dem Handel sowie auch selbst gesammeltes Holz, das lange gewässert wurde und aus einem sauberen Gewässer stammt, kann verwendet werden, hat aber keinen Mehrwert für die Tiere.

Eichen- und Buchenlaub sowie Seemandelbaumblätter kann man ins Becken geben, sie senken aber den pH-Wert.

Höhlen werden von Urzeitkrebsen nicht genutzt und sind daher überflüssig. Größere Steine, auch wenn sie schön aussehen, verdrängen nur Wasser. Liegen sie nicht auf dem Boden auf, können sich *Triops* darunter einbuddeln und werden zerdrückt. Daher nur spärlich verwenden und nicht so, dass sich *Triops* einklemmen können. Ich empfehle, nur so viel Dekoration zu verwenden, dass Tiere ausreichend Platz haben und sich Triops Weibchen vor Männchen verstecken können.

Filter

Ein Becken für Urzeitkrebse kann völlig ohne Technik betrieben werden, wenn die Temperatur über den Raum oder die Beleuchtung erreicht wird. Statt einer Filterung muss das Wasser dann häufiger gewechselt werden.

Ein langsam laufender Schwammfilter angetrieben mit einer Luftpumpe oder einer schwachen Motorpumpe sorgt einerseits für Wasserbewegung mit Sauerstoffanreicherung an der Wasseroberfläche und andererseits für viele Filterbakterien, die Stoffwechselprodukte auf Stickstoffbasis in Nitrat umwandeln. Darüber hinaus werden Schwebstoffe aus dem Wasser gefiltert. Ein Wasserwechsel muss aber trotz des Filters gemacht werden.

Bei Feenkrebsen ist ein Filter nicht geeignet, denn sie nehmen das Futter gern aus dem freien Wasser auf und können nicht dauernd gegen die Wasserbewegung anschwimmen.

Ein kleines 6-Liter-Becken mit Filter und Wasserpflanzen für eine kleine Gruppe friedliche *Triops*

Ein Lufthebefilter mit Schwamm wird so platziert, dass der Auslauf bündig mit der Oberfläche ist

Funktionsweise luftbetriebener Schwammfilter

Die Luftpumpe bläst Luft in die Druckdose am Filter. Durch kleinste Öffnungen werden Bläschen erzeugt, die im Rohr aufsteigen und Wasser mitreißen. Dadurch wird weiteres Wasser durch den Filterschwamm angesaugt und das gereinigte Wasser strömt aus dem Filterauslass. Mit einem optionalen Luftregler kann die Luftmenge reduziert werden. Mit einem optionalen Rückschlagventil kann bei einem Pumpenausfall verhindert werden, dass Wasser in die Pumpe gelangen könnte, falls die Pumpe nicht über Aquarienhöhe steht.

Luftregler
Rückschlagventil
Luftpumpe
Luftschlauch
Filterauslass knapp über der Oberfläche
Luftbläschen ziehen das Wasser mit nach oben
angesaugtes Wasser
Druckdose
Filterschwamm

Tipp: Wenn Sie ein Aquarium haben, lassen Sie einfach den Filter dort mitlaufen und nehmen ihn zu den Urzeitkrebsen, wenn sie mindestens einen Zentimeter groß sind.

Heizung

Für Arten, die mehr als Zimmertemperatur brauchen, muss eine Heizung passend zur Beckengröße verwendet werden. Es gibt bereits kleine Heizungen von 10 bis 25 Watt, die in Becken bis 12 Liter gut einsetzbar sind. Bis 6 Liter können sogar kleine Heizmatten aus der Terraristik verwendet werden, die unter dem Becken angebracht werden. Wichtig ist, dass nicht zu stark geheizt wird und rechtzeitig abgeschaltet wird, damit es den Urzeitkrebsen nicht zu warm wird.

Frisch angesetztes Becken für Urzeitkrebse. Wird eine Heizung verwendet, muss der Wasserstand entsprechend hoch sein

Pflege

Die tägliche Pflege konzentriert sich auf die Fütterung und die Kontrolle der Wasserwerte. Gegebenenfalls muss Wasser gewechselt werden, wenn Nitrit messbar ist oder der Nitratwert über 20 mg/l oder gar über 50 mg/l steigt. Temperatur und Zusammensetzung des Wechselwassers entsprechen dem bisher verwendeten Wasser, wobei die Wasserhärte durch regelmäßigen Wasserwechsel bis zu etwa 5 dKH bzw. 10 dGH ansteigen kann. Dies stabilisiert auch den pH-Wert, der für die Süßwasserarten zwischen 6,5 und 7 liegen sollte. Die Messungen können mit einfachen Stäbchentests oder Tröpfchentests aus dem Fachhandel erfolgen.

Liegen am Boden viele Futterreste oder abgestorbene Pflanzenteile, können diese mit einem kleinen Schlauch, einer Pipette oder Spritze vorsichtig abgesaugt werden, dabei muss aber darauf geachtet werden, keine Eier abzusaugen.

Wenn ein Schwammfilter im Einsatz ist, sollte er erst gereinigt werden, wenn kaum noch Wasser hindurch fließt. Der Schwamm wird in einem separaten Behälter mit dem Wechselwasser ausgewaschen, dadurch bleiben genügend Filterbakterien im Schwamm, die sich dann wieder vermehren können. Nie

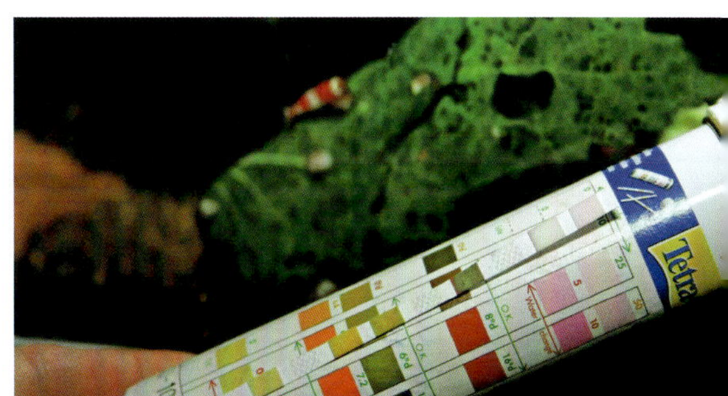

Bei Teststäbchen sollte Nitrat maximal leicht rosa und Nitrit weiß sein. Ansonsten muss das Wasser gewechselt werden

den Schwamm auskochen oder mit Reinigungsmitteln säubern!

Ganz wichtig: Nitrit ist tödlich! Durch Futter, zerfallende pflanzliche und tierische Stoffe sowie durch den Kot der Tiere gelangt Ammonium (NH_3) ins Wasser. Bakterien bauen es um zu Nitrit (NO_2), das sich in einem neuen Becken sehr schnell entwickelt. Nitrit ist allerdings sehr giftig für die Urzeitkrebse! Die Bakterien, die Nitrit in das recht ungefährliche Nitrat (NO_3) umwandeln, vermehren sich meist nicht so schnell, sodass der Nitritwert im Wasser steigt. Dieser lässt sich kurzfristig nur mit Wasserwechseln oder Mitteln aus dem Fachhandel reduzieren. Läuft das Becken nach ein paar Wochen stabil – auch mit einem kleinen Filter –, dann wird Nitrit von Bakterien schnell zu Nitrat umgebaut und regelmäßige Wasserwechsel holen das Nitrat aus dem Wasser. Den gesamten Prozess nennt man Stickstoffkreislauf (N = Stickstoff).

Besonderheit Salzwasser-Feenkrebse

Die Pflege der *Artemia*-Arten ist einfacher als die von Süßwasser-Urzeitkrebsen. Fühlen sie sich wohl, bringen sie quasi lebende Nauplien auf die Welt und der Bodengrund muss nicht getrocknet werden. Daher ist eine Dauerhaltung von *Artemia* problemlos möglich. Wenn Wasser verdunstet, wird es nur aufgefüllt, ohne Salz hinzuzugeben, da das Salz im Becken bleibt und nicht verdunstet. Nur wenn die Scheiben richtig veralgt sind, werden sie mit einem sauberen Schwamm gereinigt. Ist zu viel Mulm auf dem Boden, saugt man ihn mit einem Schlauch ab und füllt wieder Wasser und die passende Menge Salz (20 bis 30 g pro Liter) auf.

Fütterung

Futter für Nauplien

Die Nauplien von Urzeitkrebsen fressen abhängig von der Wassertemperatur und Entwicklung erst nach ein bis zwei Tagen. Das Futter muss extrem klein und fein sein. Bewährt hat sich nach unserer Erfahrung Chlorella-Pulver oder sehr feines spezielles Futter für Urzeitkrebse, das die Nauplien direkt aufnehmen oder das die Entwicklung von Mikrofauna und -flora im Becken fördert, wovon sich Nauplien dann ernähren. Auch wenn Spirulinapulver sehr fein ist und vielfach angeboten wird, sind meine Erfahrungen damit nicht gut, da es leicht überdosiert werden kann und dann das Wasser belastet.

Da die Nauplien das Futter schwebend aufnehmen und um nicht zu viel zu füttern, löst man eine maximal stecknadelkopfgroße Menge in etwa 20 ml Wasser (Schnapsglas) auf und füttert davon dann morgens und abends mit einer Pipette ein paar Tropfen – abhängig von der Anzahl der Nauplien. Danach wird das Wasser vorsichtig umgerührt, damit sich das Futter verteilt. Weniger Futter ist besser als zu viel, damit das Wasser nicht zu sehr belastet wird und die Tiere eventuell sterben. Die Futterlösung hält sich im Kühlschrank bis zu einer Woche.

Flüssigfutter aus dem Handel ist gut geeignet für Salzwasser-Feenkrebse (*Artemia*), aber häufig nicht so gut geeignet für *Triops* und Süßwasser-Feenkrebse. Da sollte man darauf achten, was der Hersteller empfiehlt und es einfach probieren.

Futter für erwachsene Feenkrebse

Erwachsene Feenkrebse sind vorzugsweise Filtrierer und nehmen ihr Futter frei schwebend aus dem Wasser auf. Sie jagen auch nicht, bis auf die Raub-Feenkrebse. Daher sollte möglichst immer Futter schweben oder an der Wasseroberfläche sein. Salzwasser-Feenkrebse, die bei sehr guten Bedingungen lebende Jungtiere zur Welt bringen, scheinen bei dichtem Besatz auch ihre eigenen Nauplien zu fressen. Darüber hinaus weiden erwachsene Feenkrebse Bakterien und Algen von Scheiben, Substrat und Oberflächen ab. Daher sollte lediglich die Frontscheibe sauber gehalten werden, die übrigen Flächen dienen als ‚Weide'.

Futter für *Triops*

Triops fressen alles, was sie bewältigen können, größere Tiere nehmen gern auch mal einen lebenden Regenwurm. Generell benötigen sie eine abwechslungsreiche Ernährung mit tierischen und pflanzlichen Bestandteilen wie handelsübliches Fischfutter oder spezielles *Triops*-Futter. Als Ergänzung sind gefrorene oder gefriergetrocknete Mückenlarven und Wasserflöhe geeignet. Bei der Fütterung von Biogemüse (z. B. Möhren) muss darauf geachtet werden, dass es rechtzeitig vorm Vergammeln wieder aus dem Wasser genommen wird. Obst würde ich nie füttern, da sich der Obstzucker im Wasser löst und sich Mikroorganismen bis zur übermäßigen Wasserbelastung zu stark vermehren können. Auch bei der Verfütterung von Fleisch besteht die Gefahr, dass das Wasser ‚kippt'.

Triops cancriformis 'Beni Kabuto ebi' fressen gerne *Triops*-Futter auf pflanzlicher Basis

Pflanzen für das Süßwasser

Pflanzen produzieren einerseits Sauerstoff und andererseits nutzen sie die Ausscheidungen der Urzeitkrebse als Dünger zum Wachsen. Dazu können wir auch Algen zählen. Grünliches Wasser, also Schwebealgen, sind grundsätzlich etwas Gutes, denn Nauplien und auch Feenkrebse fressen sie gern. Wenn sie überhandnehmen, hilft ein kräftiger Wasserwechsel, weniger Futter und etwas weniger Licht.

Durch Pflanzen können Schnecken oder Schneckenlaich eingeschleppt werden, ein Indikator dafür, dass nicht mit für Wirbellose tödlichen Schneckengiften gearbeitet wird, und kostenlose Mitbewohner für unser Aquarium.

Urzeitkrebse können negativ auf giftige chemische Verbindungen reagieren. Wenn die Pflanzen gedüngt werden sollen, muss der Dünger für Wirbellose geeignet sein.

Mooskugeln, *Aegagropila linnaei*, *Chladophora aegagropila*

Mooskugeln sind sehr langsam wachsende Pflanzen bzw. Algenbälle, die keine hohen Ansprüche stellen, Temperaturen zwischen 18 und 24 °C sind passend. Sie wachsen frei rollend im Aquarium und sollten auch regelmäßig bewegt werden, um die Form zu behalten.

Triops spielen nicht nur gern auf den Moosbällen, sondern sie suchen dort nach Futter. Ein besonderer Vorteil ist, dass sie das Wasser quasi filtern, denn sie selbst nehmen Nährstoffe auf und darauf siedeln sich Filterbakterien an.

Auf Mooskugeln suchen *Triops* nach Futter oder knabbern an ihnen

Wasserpest, *Egeria najas, Egeria densa*

Die nixkrautähnliche Wasserpest (*Egeria najas*) und die dichtblättrige Wasserpest (*Egeria densa*) sind schnellwüchsige und anspruchslose Pflanzen mit intensiver grüner Farbe. Beide wachsen bei etwa 18 bis 25 °C nahezu wurzellos und gern frei treibend. Bereits mit wenigen Stängeln kann schnell ein ganzes Becken zuwachsen. Vermehrt werden sie einfach durch Abknipsen von Trieben. *Triops* knabbern und fressen gern daran.

Wasserpest nimmt nicht nur überschüssige Nährstoffe aus dem Wasser auf, sie ist auch Futter für *Triops*

Hornkraut, *Ceratophyllum demersum*

Hornkraut ist eine sehr schnellwüchsige und anspruchslose feinfiedrige Pflanze für Temperaturen zwischen 5 und 25 °C. Es wächst wurzellos und frei treibend, auch bei niedrigen Temperaturen und wenig Licht. Es entzieht dem Wasser Nährstoffe und ist somit Konkurrenz für Algen. *Triops* fressen gerne die Triebe, für Feenkrebse wächst es zu buschig und nimmt ihnen schnell den Schwimmraum.

Hornkraut ist eine schnellwüchsige Pflanze auch für kleinere *Triops*-Becken

Javafarn, *Microsorum pteropus*

Javafarn ist eine anspruchslose Wasserpflanze, die gut mit wechselnden Bedingungen klarkommt und für Urzeitkrebse bei einer Temperatur von ca. 18 bis 28 °C hervorragend geeignet ist. Es ist eine Aufsitzerpflanze, die in der Regel recht langsam wächst und kleinen Fischen oder Tieren Schutz zwischen dem Wurzelgeflecht oder den entstehenden Ablegern bietet. Ideal für *Triops*, die darin Verstecke finden. Einige fressen auch die feinen Wurzeln.

Manche Pflanzen werden im Gittertopf mit Steinwolle geliefert, die vorsichtig entfernt werden muss. Danach wird die Pflanze zwei bis drei Tage gewässert, da Urzeitkrebse, Schnecken und Garnelen empfindlich auf möglicherweise anhaftende Nährstoffe oder Insektizide reagieren können.

Kleine Wasserlinse, *Lemna minor*

Die Wasserlinse ist eine sehr schnellwüchsige kleine Schwimmpflanze, die bei Temperaturen von 10 bis 28 °C dem Wasser schädliches Nitrat entzieht und damit auch übermäßigen Algenwuchs verhindert. *Triops* fressen sie gern, zumindest knabbern sie an den Wurzeln. Diese Schwimmpflanze beschattet den Boden und sollte daher erst eingesetzt werden, wenn die Tiere etwas größer sind.

Südamerikanischer Froschbiss, *Limnobium laevigatum*

Auch das ist eine schnellwüchsige Pflanze, die Wassertemperaturen von 18 bis 28 °C verträgt. Sie wächst als Schwimmpflanze mit langen Wurzeln, benötigt eine gute Beleuchtung und verträgt kein Schwitzwasser – ist also nur für offene Becken geeignet. Sie bietet Urzeitkrebsen Verstecke und einige *Triops* fressen auch die feinen Wurzeln.

Gemeiner Schwimmfarn, *Salvinia natans*

Auch Schwimmfarn ist eine sehr schnellwüchsige Pflanze mit recht kleinen Blättern und dichten Wurzeln für Urzeitkrebsbecken von 18 bis 28 °C. Sie benötigt eine gute Beleuchtung und verträgt kein Schwitzwasser – also nur für offene Becken. Sie beschattet den Boden und Urzeitkrebse finden darin Verstecke, einige fressen auch die feinen Wurzeln.

Schritt für Schritt von der Zyste zum Urzeitkrebs

Wenn die folgenden Schritte befolgt werden, dann steht dem Erfolg nichts im Wege.

- Das 2 bis 12 Liter fassende Becken an einen zugfreien Platz stellen und für *Triops* mit etwa 5 bis 10 cm Wasser füllen. Bei Feenkrebsen und Muschelschalern kann es etwa zu zwei Dritteln gefüllt werden. Bei Bedarf kann ein Löffel Garten-/Walderde oder Aktivboden hinzugefügt werden. Allerdings nicht bei Salzwasser-Feenkrebsen, hier nimmt man etwa 20 bis 30 g reines Meer- oder spezielles *Artemia*-Salz je Liter Wasser (s. S. 76).
- Auf eine gleichbleibende Temperatur entsprechend der Wunschtemperatur der anzusetzenden Art achten. Heizstäbe heizen bei wenig Wasser oft zu stark, daher die Temperatur regelmäßig prüfen und niedriger einstellen sowie etwas mehr Wasser einfüllen.
- Die Beleuchtung über dem Becken sollte mindestens 12 Stunden pro Tag angeschaltet sein.
- Einen Ansatz Urzeitkrebse hinzugeben und täglich darauf achten, dass keine Eier am Rand kleben, da die Urzeitkrebse sonst nicht schlüpfen. Zum Abspülen vom Rand hilft eine Pipette, Spritze oder eine Urzeitkrebs-Dusche, mit der später auch das Wasser aufgefüllt werden kann.
- Täglich werden etwa 1 bis 2 cm Wasser aufgefüllt. Bei empfindlichen Arten mit dem Auffüllen erst nach einer Woche beginnen.
- Meist schlüpfen die ersten Nauplien nach 1 bis 3 Tagen, es kann aber durchaus auch einmal 14 Tage dauern bzw. je nach Temperatur kann es sogar schon nach wenigen Stunden soweit sein oder bei einigen Arten auch Wochen dauern.
- Zwei Tage nach dem Schlupf kann mit der Fütterung angefangen werden (s. S. 81).
- Nach ca. ein bis zwei Wochen sind *Triops* inkl. Schwanz etwa 1,5 cm groß und können mit entsprechend gröberem Futter für Erwachsene gefüttert werden.
- Den Bodengrund gibt man erst dann vorsichtig ins Becken, wenn die Urzeitkrebse etwa einen Zentimeter groß sind, alternativ auch bevor der Zuchtansatz zugegeben wird, damit die Zysten nicht von Sand bedeckt werden.
- Der Filter wird auch erst in Betrieb genommen, wenn die Tiere etwa einen Zentimeter groß sind, da Nauplien keine Strömung vertragen. Bei Feenkrebsen kann auf einen Filter verzichtet werden, oder er darf nur sehr langsam laufen (s. S. 78).

Es ist normal, dass einige Urzeitkrebse bereits als Babys sterben. Nur die stärksten überleben.

Ist Sand mit Zysten übrig, dann kann er an andere Urzeitkrebsfreunde abgegeben oder im Hausmüll entsorgt werden, bitte nicht in der Natur verstreuen.

Triops cancriformis aus Südfrankreich ist grün-braun marmoriert

Vergesellschaftung

Wenn Abwechslung ins Aquarium gebracht werden soll, müssen die Bedürfnisse aller Tiere berücksichtigt werden!

Die temporäre Haltung der Urzeitkrebse, das besonders weiche Wasser, ihr schnelles Wachstum mit der sehr empfindlichen Phase nach der Häutung, die kurze Lebenserwartung und der Futterbedarf bestimmen die Anforderungen der *Triops*, Feenkrebse und Muschelschaler. Grundsätzlich kommen Wirbellose und Fische im Süßwasser infrage. Bei *Artemia* gibt es keine sinnvolle Vergesellschaftungsmöglichkeit außer Meerwasserschnecken bei etwa 35 g Salz pro Liter und 22 bis 26 °C.

Urzeitkrebse

Generell sollten *Triops* möglichst artrein gehalten werden. Ein Artenmix ist zwar sehr spannend, aber meist setzt sich eine Art durch, weil sie schneller wächst als die andere und die Nachkömmlinge verspeist. Farbformen einer Art, wie beispielsweise von *Triops cancriformis* oder *Triops longicaudatus*, können artenrein zusammen gehalten werden.

Die Kombination aus Feenkrebsen und *Triops* kann zeitweise funktionieren, da Feenkrebse schneller wachsen als *Triops*. In Deutschland kommen beispielsweise *Triops cancriformis* und die Sommerfeenkrebse *Branchipus schaefferi* zusammen vor. Viele Feenkrebse sind schon erwachsen und haben Eier gelegt, eh die *Triops* so groß sind, dass sie auch Feenkreb-

se jagen und fressen. Sollten die *Triops* anfangen, die Feenkrebse zu erbeuten, dann bitte die Tiere trennen. Bei mir hat es über längere Zeit mit grünen *Triops australiensis* geklappt, während sich erwachsene *Triops longicaudatus* die Feenkrebse geschnappt haben.

Muschelschaler können gern mit Feenkrebsen vergesellschaftet werden. *Triops* sollten nicht zu Muschelschalern gesetzt werden, da diese gelegentlich gefressen werden. Es kann funktionieren, muss aber nicht.

Schnecken

Es können einige kleine Turmdeckel-, Blasen- oder auch Posthornschnecken zu den Urzeitkrebsen gesetzt werden. Dies empfiehlt sich aber erst, wenn die Nauplien sich in Urzeitkrebse verwandelt haben und intensiver gefüttert wird. Alle genannten Schnecken fressen Futterreste, abgestorbene Pflanzen und Algen. Vermehren sich die Schnecken sehr stark, dann wird zu viel gefüttert, denn sie wandeln überschüssiges Futter in lebende Biomasse um. Lebendgebärende Turmdeckelschnecken durchwühlen den Sandboden, während die anderen beiden auf Boden, Einrichtung und Wänden herumschleichen und dort auch Laich ablegen.

Vor dem Trockenlegen des Sandbodens mit den Urzeitkrebs-Zysten müssen die Schnecken herausgesammelt werden. Das geht gut bei den Blasen- und Posthornschnecken, während Turmdeckelschnecken im Sand teils schwer zu finden sind.

Blasenschnecken fressen überschüssiges Futter, vermehren sich aber bei Überfütterung stark. Weniger füttern und absammeln hilft

Posthornschnecken fressen Futterreste und Algen von den Scheiben. Auch sie vermehren sich bei Überfütterung stark

Blasen-, Posthorn- und Turmdeckelschnecken können sich bei übermäßiger Fütterung stark vermehren

Zwerggarnelen

Soweit die Wasserwerte passen, könnten Zwerggarnelen zu *Triops* gesetzt werden, bei Muschelschalern und Feenkrebsen geht es eher nicht. Es kann allerdings auch passieren, dass die relativ verfressenen *Triops longicaudatus* auch mal eine Garnele verspeisen. Zusammensetzen sollte man sie erst, wenn die *Triops* schon größer sind. Ich selbst mache es nicht, da ich vor dem Trockenlegen des *Triops*-Beckens kaum alle Garnelen herausfangen kann.

Red Sakura sind eine Farbform von *Neocaridina davidi*, die einfach zu halten ist und sich mit Rückenschalern in einem größeren Aquarium gut verträgt

Fische

In Deutschland ist die Haltung von Fischen in Aquarien unter 54 Litern nicht empfohlen, in Österreich sogar verboten. Eine Vergesellschaftung ist also nur möglich, wenn erwachsene *Triops* in solchen Aquarien gehalten werden.

Feenkrebse, Muschelschaler und Urzeitkrebs-Nauplien dürfen nicht mit Fressfeinden vergesellschaftet werden. Erwachsene *Triops* sind selbst immer auf der Suche nach Futter, das auch tierisch sein kann.

Kurzflossige Endler-Guppys können mit Triops vergesellschaftet werden. Feenkrebse und Muschelschaler wären nur Futter für die Fische

Schwimmfreudige und eher oberflächenorientierte Fische von drei bis fünf Zentimetern können erwachsenen *Triops* Gesellschaft leisten. Wichtig sind die passenden Wasserwerte und was mit den Fischen geschieht, wenn alle *Triops* gestorben sind und der Bodengrund getrocknet werden soll.

Ideal finde ich die Vergesellschaftung mit Fischen nicht, es sollte unbedingt ein Ausweichaquarium vorhanden sein, falls die Vergesellschaftung nicht funktioniert!

Bitte keine Fischmedikamente in Aquarien mit Urzeitkrebsen verwenden, denn *Triops*, Feenkrebs und Co. sterben möglicherweise daran.

Antennenwelse der Gattung *Ancistrus*

Junge Antennenwelse setze ich übergangsweise gern zu Urzeitkrebsen, damit sie Algen von den Scheiben und Futterreste fressen. Ist die Urzeitkrebs-Saison vorbei, ziehen die Welse wieder um.

Ancistrus sp. ist ein Harnischwels, der als Jungtier von 20 bis 27 °C mit Urzeitkrebsen gehalten werden kann

Das wird für ein Urzeitkrebs-Aquarium benötigt:

Muss:

- Becken mit 2,5 bis 6 Liter
- Wasser (Destilliertes Wasser, Regenwasser und/oder passendes Mineralwasser mit wenig Kalzium, z.B. Volvic)
- Beleuchtung
- Feiner Sand
- Urzeitkrebse Ansatz
- Urzeitkrebse Futter für Nauplien, Feenkrebse und Muschelschaler
- Für *Triops*: Hauptfutter

Kann/optional:

- Heizung für wärmeliebende Arten
- Urzeitkrebse-Aktivboden oder etwas giftfreie Gartenerde
- Thermometer
- Kleiner Schlauch und/oder Pipette
- Urzeitkrebse Dusche
- Kleiner luftbetriebener Schwammfilter mit Pumpe
- Kescher
- 12 bis 60 Liter Aquarium mit Zubehör
- Pflanzen
- Schnecken

Register

caridina

Das einzigartige Magazin rund um Garnelen, Krebse, Krabben und Schnecken im Süßwasser-Aquarium

- Fach-Autorinnen und -autoren
- Faszinierenden Fotos
- Praktische Tipps & Tricks
- Internationale Wettbewerbe
- Aquarientechnik
- Wasserchemie

und vieles mehr

Jetzt bestellen unter

www.daehne-aquaristik.de/products/abo-caridina

Dähne Fibeln =

www.daehne-aquaristik.de

Wissen mit Spaßfaktor

Dähne Verlag

Einfach per E-Mail
oder online bestellen

service@daehne.de
www.daehne-aquaristik.de

Garnelenwissen up to date

Das umfassende Standardwerk von José María Requena und Co-Autor Werner Klotz wird illustriert mit 160 anatomischen Skizzen und 400 Fotos der bekannten Fotografin Neli Martín. Auf dem aktuellen wissenschaftlichen Kenntnisstand liefert dieses praktische Handbuch alle wichtigen Informationen rund um die Haltung von Süßwassergarnelen im Aquarium.

www.daehne-aquaristik.de

336 Seiten, Klappenbroschur
ISBN 978-3-944821-54-2, € 29,80

Dähne Verlag

Tel. +49/7243/575-143
service@daehne.de
www.daehne-aquaristik.de